Mingren Yu Fushi Wenhua

U0151390

名人与服饰文化

冯盈之 著

東華大學出版社·上海

图书在版编目（CIP）数据

名人与服饰文化 / 冯盈之 著. —上海：东华大学出版社，2020.10
ISBN 978-7-5669-1735-5

Ⅰ.①名… Ⅱ.①冯… Ⅲ.①服饰文化—中国—通俗读物 Ⅳ.①TS941.12-49

中国版本图书馆CIP数据核字（2020）第063731号

名人与服饰文化
Mingren Yu Fushi Wenhua
冯盈之 著

责任编辑：曹晓虹
封面设计：书研社

出版发行：东华大学出版社
（上海市延安西路1882号 邮政编码：200051）
联 系 电 话：编辑部 021-62379902
营 销 中 心：021-62193056 62373056
天猫旗舰店：http://dhdx.tmall.com
出版社网址：http://dhupress.dhu.edu.cn
出版社邮箱：dhupress@dhu.edu.cn
投 稿 邮 箱：289834119@qq.com

印 刷：上海盛通时代印刷有限公司
开 本：710mm × 1000mm 1/16 印张：12.75 字数：237千
版 次：2020年10月第1版 印次：2020年10月第1次印刷

书 号：ISBN978-7-5669-1735-5 定价：68.00元

序言

中华服饰文化从远古走来。

这一路，有致力于服饰改革的政治家，有记录时代服饰风貌的文学家，有引领服饰风尚的名士，还有一批服饰创新的能工巧匠与裁缝群体，以及积极投身纺织服装实业的实业家……是他们，使得服饰文化之路异彩纷呈。

这当中有推行服制改革的政治家。黄帝垂衣治天下，赵武灵王胡服骑射，孝文帝服制改革，孙中山身体力行易服剪辫。

有对服饰文化记录描写的文学家。古代曹植有《洛神赋》、白居易有《缭绫》、曹雪芹有《红楼梦》，近现代张爱玲则有《更衣记》等名篇，当代沈从文先生更是直接"转行"，进行纺织服装实物研究，力作《中国服饰文化研究》，奠定中国古代服饰文化的研究基础。

有引领服饰时尚的名士，形成明代文学家沈德符《万历野获编》中所说的"物带人号"现象。诸如"韩君轻格""程子衣""阳明巾"，又如竹林七贤中的"粗服乱头"，引领魏晋风度，宋代苏轼的"东坡巾"表达东坡式的精神寄托，明代著名文人陈继儒创制了"眉公系列"，被封为大众偶像等等。

有一批创新服饰的能工巧匠。古代有纺织技艺的革新能手黄道婆，当代有工艺大师陈之佛。也有一批以女性为代表的民间高手，如刺绣能手沈寿、编织大师冯秋萍。还有名人群体"红帮裁缝"，成为近现代服饰文化的灵魂。

更有商帮中的纺织服装实业家，为充实服饰文化奠定了物质基础。如任士刚创鹈牌汗衫，沈莱舟创百年恒源祥，金鸿翔创鸿翔西服公司。都锦生办都锦生丝织厂……

这当中不乏浙江籍名人，诸如元末明初创制"四方平定巾"的杨维桢，近现代的红帮群体，汗衫大王任士刚，绒线编结艺术家冯秋萍，丝织革新家都锦生，振兴云锦的陈之佛……还有“两袖清风”的民族英雄于谦，“一生长衫”的斗士鲁迅。

是这些有名的名人和无名的“名人”，引领了中国服饰史上一次次变革和一波波时尚潮流，记录了历代服饰风貌，串起了中国服饰文化的绚烂长河。

因此，本著作寻找、梳理了从先秦两汉到近现代的八十余位人物与群体，按时代顺序大体分为四个单元，讲述这些人物（群体）与服饰的故事，探讨他们与一种服饰文化现象的关系。包括其成因、表现、对后世的影响及其所涉及的历史社会思潮、社会变迁等。这些人物，是与服饰有关的名人，与他们有关的服饰现象，有的大到服饰制度改革，有的小到一个发式的创制，这些现象，林林总总，主体是人，主题也是人。由人的活动，构成了中国服饰史上鲜活灵动的篇章，也是《名人与服饰文化》的总线索。

《名人与服饰文化》将与先前的“语言文学与服饰文化系列”：《汉字与服饰文化》《成语与服饰文化》《文学与服饰文化》互为补充，以期形成一个较有特点的系列图书，为服饰文化研究与普及推广寻找新的途径作出一点探索。

2020年2月20日
于浙江纺织服装职业技术学院文化研究院

目录 CONTENTS

壹

炎帝神农治麻为布

图 1　炎帝彩像（清人绘）

炎帝神农氏（公元前 3245—公元前 3080 年）（图 1），是我国上古时期杰出的部落首领，中华农耕文明的创始人。炎帝神农氏“制造耒耜，种植五谷；尝遍百草，开设医药；设立市廛，首辟市场；治麻为布，民着衣裳；做五弦琴，以乐百姓；削木为弓，以威天下；制作陶器，改善生活；立历日，立星辰，分昼夜，定日月；教民猎兽、健身，教民音乐、舞蹈，还教民智德。”①

作为中华民族的人文初祖，他与黄帝结盟并逐渐形成了华夏族。因此形成了炎黄子孙。几千年来，炎帝神农氏和黄帝轩辕氏一道被尊为中华民族的始祖，并受到海内外炎黄子孙的世代尊敬。

关于炎帝神农氏开创纺织、制作衣裳有许多记载。

《礼记·礼运》篇载，炎帝神农“治其丝麻，以为布帛”。《庄子·盗跖》又云：“神农之世……耕而食，织而衣。”《商君书·画策》载：“神农之世，公耕而食，妇织而衣。”南宋学者罗泌所著，记录上古以来有关历史、地理、风俗和氏族等方面的传说和史事的《路史》中说，神农“教之麻桑，以为布帛”。南宋《皇王大纪》卷一载，炎帝神农氏“治其丝麻为之布帛”。由此可知，五千多年前，麻已经成了人类保温取暖、传承文明的服饰之一。

① 《国学典藏》丛书编委会．文字上的中国：神话［M］．北京：中国铁道出版社，2018（1）：17.

苎麻，是一种宿根草本植物，主要生长在我国长江流域和华南地区的农村。因其90%生长在中国，故又被赋予了“中国草”的美誉。

原始时期本无衣裳，仅以树叶，兽皮遮身，神农教民麻桑为布帛后，人们才有了衣裳，这是人类由蒙昧社会向文明社会迈出的重要一步。上古之民，最初是运用磨制的骨针、骨锥将树叶、树皮或兽皮缝成一块，遮身蔽体。这样既经不起长期的风吹雨打，霜雪侵袭，又极不雅观。后来，炎帝从一群女子采集的长草中发现了柔软的麻，经过不断地摸索，他带领先民将麻织成布做成衣裳（图2）。而先民们所用的最原始的缝织工具就是骨针、骨梭和陶制纺轮等，图3为河姆渡文化出土的陶纺轮。

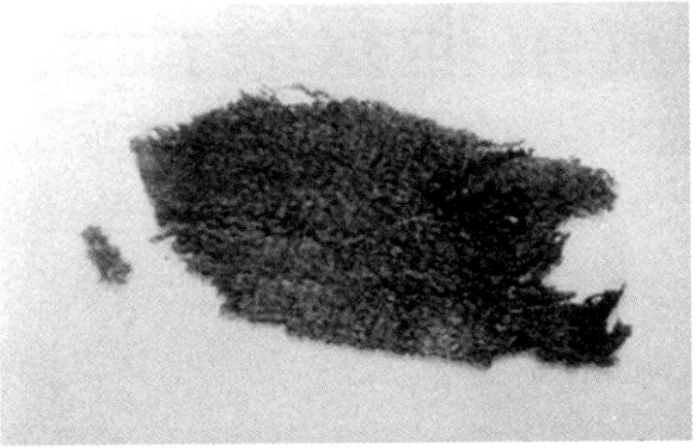

图2　藁城商代遗址出土的大麻残片

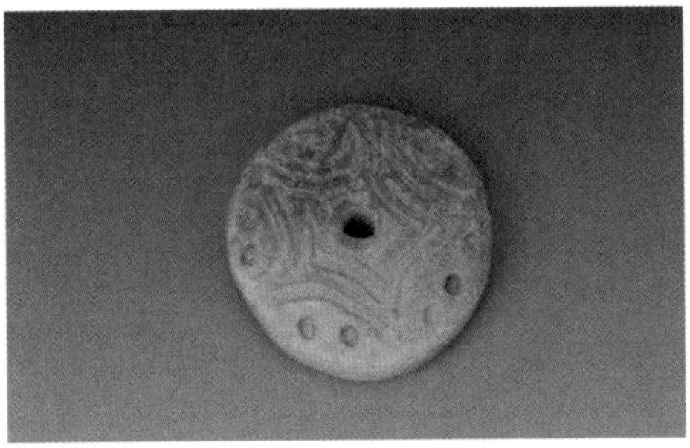

图3　河姆渡文化陶纺轮

黄帝垂衣裳治天下

图 1　黄帝像（明天然撰赞，弘治十一年重刻本《历代古人像赞》）

黄帝（公元前 2717—公元前 2599 年）（图 1），是古华夏部落联盟首领，中国远古时代华夏民族的共主，五帝之首。被尊为中华“人文初祖”。

黄帝在位时间很久，期间国势强盛，政治安定，文化进步，有许多发明和制作。如文字、音乐、历数、宫室、舟车、衣裳和指南车等。尤其在缝织方面，发明了机杼进行纺织，并制作衣裳、鞋帽、帐幄、毡、衮衣、裘、华盖、盔甲、旗和胄等物品。初步确立了服饰礼仪，被人们称为“垂衣而治”。

约五千年前，中国在新石器时代的仰韶文化时期，就产生了原始的农业和纺织业，开始用织成的麻布来做衣服，后又发明了饲蚕和丝纺，人们的衣冠服饰日臻完备。五千年前，华夏族（汉族的古称）初步形成，并孕育、发展出人类历史上最为辉煌灿烂的先进文明。

作为华夏文明重要物质形态的汉服，这个时候已经产生。相关的文献资料屡见不鲜，如《周易》中讲到，黄帝制作衣冠、垂衣裳而治天下。这里的“垂衣裳”是指缝制衣裳。而且，黄帝、尧、舜所创制的衣裳依照的是《易经》中的乾坤两卦，乾为天，坤为地，一上一下，上衣下裳，于是，人身体的上半部和下半部也就都有了衣服。这段文字是说，在黄帝、尧、舜时期就开始出现了衣裳，从而结束了史前的围披状态。尊卑等级按衣冠服饰作出区别后，大家安分各自的等级不乱套。人们按照这种衣裳式样穿着，有秩序地拜祖先、祭天地，从而实现天下治。

"垂衣裳而天下治"，可以看作是通过服饰或冠服制度而建立的一种早期礼仪伦常秩序，引导人类从胡乱裹树叶树皮，披禽兽皮毛，到开始有序地按一定的礼仪伦常规范衣冠服饰。

"衣服作为一种治国的方法和安围的秩序，等级森严，形式严格，使服饰具有文化、政治的意义。服饰作为国家制度的表现,从此担负起一种承重的职责。"①这是以直观方式建立的一种最初的社会人际关系规范。人序立，故天下治。

"盖取诸乾坤"一语表明，华夏服饰超出了仅仅遮羞御寒的实用性，还体现出先民的世界观，以及在此基础上衍生出的政治哲学。乾上，坤下，我们很自然地联想到阴阳、天地、男女、父子、君臣等概念。上衣下裳之制，正用以暗喻先民对世界秩序的理解。君臣、领袖、官吏（谐音冠履）等，都属于衣裳。一君二臣（一个裤腰，两只裤筒）；一领二袖；一官（冠）二吏（履），以衣裳产生的先后顺序以及各部位的名称，设置职务治理天下，是《易》的本意。

① 舒湘鄂.现代服饰与大众文化学研究［M］. 西安：西南交通大学出版社，2006（12）：30.

西王母喜好戴胜

“胜”作名词用时，除了常用的“名胜古迹”的意思以外，还有一个义项就是古代妇女的一种首饰。在原为古代神话中胜是西王母所戴的一种发饰。

西王母是古代神话中的人物，传说为生命之神，能使人长寿。嫦娥在奔月前偷吃的“不死之药”，据说就是从西王母那里弄来的。在中国神话里，西王母一直是个无所不能仙法盖天的人。因为她的一句气话，牛郎和织女这对恩爱夫妻就只能永远天各一方，“分居两地”。而黄帝与蚩尤交战，正当黄帝被困之时，因借得西王母一臂之力，所以能反败为胜。大禹治水时，也因受助于西王母，所以获得了成功。

古籍中在记述西王母这个人物形象时，有一个共同之处，就是说其“戴胜”。头发上佩戴胜，几乎成了西王母服饰中最鲜明的一个特征。据《山海经》中记载：“又西三百五十里，曰玉山，是西王母所居也。西王母其状如人，豹尾虎齿而善啸，蓬发戴胜，……”[①]意思是说：再向西三百五十里，有山叫玉山，是西王母居所。西王母的形状像人，却长着豹的尾巴和虎的牙齿，善于啸叫，蓬头乱发，却戴着玉胜。

图 1　头上戴胜的西王母（陕西田魴墓出土的画像石，正中为西王母）

而胜具体是怎样的一种饰物呢？不妨来看一看早期的文物图像。现存的文物中绘有西王母形象的，以汉代为代表。如在陕西田魴墓出土的画像石和河南偃师出土的汉墓壁画中（图 1、

① 谷瑞丽，赵发国注译. 崇文国学经典普及文库山海经［M］. 湖北：崇文书局，2015（7）：46.

图 2　西王母（河南偃师汉墓壁画）

图 2），就有西王母形象。画中西王母端坐于龙虎座之上，似乎在等候人们的顶礼膜拜。在其两鬓，各戴着一个饰物，这种饰物的造型是以一个圆形为中心，上下各附一个梯形翼翅。两个饰物分别固定在簪钗之首，从左右两侧对插入髻中，这种饰物就叫作胜。

那么，为何会出现这种形制特别的首饰呢？对此，沈从文先生在《中国古代服饰研究》中做了阐述，并且用历代所见图形作了形象的注释。在“新石器时代的纺织”一章，把“胜”纹与原始纺织联系在一起。在提到河姆渡遗址的原始织机部件时，沈从文先生特别强调：“更重要的是一件刻纹纺轮，上面的花纹图像作十字形，中部圆圈表示穿孔，它是织机上具代表性的部件——一卷经轴的端面形象。经轴在古代和现在民间（如安阳），都叫作‘腾’或‘榺’，十字形木片是经轴上两端的挡板和扳手，叫作‘榺花’或‘羊角’。搬动它可将经线卷紧或放松。把这种图像刻饰于纺轮之上并非偶然即兴之作。”确实，河姆渡文化遗址中出土了许多珍贵的纺织工具，品种繁多齐全，而且其织机还有卷经轴——胜。足见原始纺织在新石器时代已取得了极大发展，中国纺织历史的久远可见一斑。

沈从文先生又引用了北齐孝子棺石刻经轴的形象图和清代蜀锦织机图做注释。它们的形状与陶纺轮上的滕纹完全相同。由此发现，胜作为一种首饰，是由原始的纺织机具演化而来的。正如沈先生在书中所说的那样，它已经成为典型的标记纹样，是纺织的象征，并可能从此演化成妇女的首饰，寓意社会上男耕女织的分工。戴在头上的“胜”，见证了灿烂的纺织文明，是对 7000 年纺织历史最忠实的记录。

由于西王母被视为长生不老的象征，其所戴的饰物也就有了吉祥意义和神灵意味。古人作为饰物佩戴，借戴胜驱邪保平安，具有克制的意思。在汉魏时期，妇女戴胜的现象十分普遍。通常制成花草的形状插于髻上或缀于额前。《汉书·司马相如传下》中记载："戴胜而穴处兮"，唐颜师古注："胜，妇人之首饰也，汉代谓之华胜。"《后汉书·舆服志》中记载："皇后入庙为花胜，上为凤凰，以翡翠为毛羽，下有白珠垂金铕，镊横簪之。"[①]《释名 · 首饰》中记载："华胜，华，象草木之华也；胜，言人形容正等，一人著之则胜，蔽发前为饰也。"

胜的样式有多种，目前所能看到的，大概以朝鲜乐浪古墓出土的汉代玉胜为最早。这种玉胜以圆形为中心，上下有两梯形相对，圆心有孔，两胜以"杖"相连时，即可簪于发上。在日本的正仓院，保藏有两枚唐代华胜。

由于胜的形式多变，到后来已不止于作为首饰，渐渐演变为一种吉祥图案，明清以来已成为吉祥图案中常见的纹饰之一，称为胜纹，广泛用于各种工艺品装饰上。另外在古代的文学作品中，还常见有"同心方胜"这个名称，尤其在反映爱情题材的文艺作品中更为常见。

① 许嘉璐. 中国古代礼俗辞典［M］. 北京：中国友谊出版公司，1991（6）：64.

孔子重礼仪服饰

孔子（公元前551—公元前479年）（图1），子姓，孔氏，名丘，字仲尼，鲁国陬邑（今山东曲阜）人，祖籍宋国，中国古代思想家、教育家，儒家学派创始人。孔子开创私人讲学之风，倡导仁义礼智信。有弟子三千，其中贤人七十二。

历代先贤对孔子评价极高，战国思想家孟子说：“自有生民以来，未有孔子也。”（《孟子·公孙丑上》），宋代理学家朱熹曾说：“天不生仲尼，万古长如夜。”（《朱子语类·卷九十三》）。“孔子儒家学派与思想，自汉以来，不仅成为中国主流文化的道统，而且东传朝鲜、韩国、日本，南传越南、新加坡、马来西亚等国，形成亚洲儒家文化圈。孔子不仅影响了东方世界，成为东方文化的象征，而且影响了西方，受到西方许多著名思想家、学者、政治家的尊崇。”①

图1　孔子先圣像（明吴嘉谟集校、程起龙绘、黄组刻孔圣家语图）

在服饰方面，孔子倡导“文质彬彬”的服饰美学思想。他在《论语·雍也》中说：“质胜文则野，文胜质则史，文质彬彬，然后君子。”也就是说，没有合乎礼仪的外在形式（包括服饰），就像个粗俗的凡夫野人。但如果只有美好的合乎“礼”的外在形式，能掌握一种符合进退俯仰的，给人以庄严肃穆的美感的动作（包括着装礼仪）而缺

① 何钦法著．至圣先师孔子［M］．贵州教育出版社，2010（1）：1．

乏“仁”的品质，那么包括服饰在内的任何外在虚饰，都只能使人感到像是个浮夸的史官。那么孔子认为什么样的着装,符合“文质彬彬”的标准呢?《荀子·子道篇》中记述这样一件事:“子路盛服以见孔子，孔子曰:‘由，是裾裾何也?……今女衣服既盛，颜色充盈，天下且孰肯谏女矣?由!’子路趋而出，改服而入，盖犹若也。孔子曰‘志之，吾语女。奋于言者华，奋于行者伐，色知而有能者，小人也。’”孔子意思是：你衣服太华丽，又满脸得意的神色，天下还有谁肯向你提意见呢?于是子路起身出去换了一身合适的衣服回来,人也显得谦和了。就此，孔子给子路讲了一番道理：好表现自己的人是小人，只有具有真才实学，同时又诚实,具有仁、智的人才算得上君子。儒家强调“中庸”,孔子以为服饰要合乎“礼”的要求，只有着装适度才能体现出社会制度的有序和本人的综合修养，也才能符合社会规范。

孔子很重视服饰之美，尤为重视礼仪服饰之美，亦即服饰之美要符合礼仪，“礼”是服饰美的核心。《论语·乡党》(节选)着重体现了孔子的这一服饰观：

《论语·乡党》(节选)

君子不以绀緅饰，红紫不以为亵服。当暑袗絺绤，必表而出之。缁衣羔裘，素衣麑裘，黄衣狐裘。亵裘长，短右袂。必有寝衣，长一身有半。狐貉之厚以居。去丧无所不佩。非帷裳必杀之。羔裘玄冠不以吊。吉月，必朝服而朝。

意思是说：“君子不用玄色或浅绛色的布来装饰衣服边缘，也不用红色或紫色的布制作家居便服。夏天用粗细不同的葛布作单衣，但外出时必须在单衣外另罩一件外衣。(冬天)穿黑色的羊羔皮袄须加以黑色的外衣，穿白色的鹿皮袄须加以白色的外衣，穿黄色的狐狸皮袄须加以黄色的外衣。居家穿的皮袄要做得长一些，右边的袖子短一些。(晚上睡觉)一定要有被子，被子的长度须达到本人的一身半。(白天居家)要穿上厚毛的狐貉皮制作的裘衣(以接待宾客)。服丧期满，须佩上应该佩戴的饰物。除下裳整幅不裁剪外，其余服装都须加以剪裁。吊丧时不能穿黑色的羊羔皮袄,也不能戴黑色的礼帽。每月初一上朝时一定要穿上朝服。”

文章对君子服饰、寝衣，以及居家、外出时的服饰都作了合乎“礼”的规定，在服饰色彩、款式、着装与环境气氛的相宜上提出了合乎“礼”的要求。具体表现为以下两个方面：一是服饰色彩要合乎“礼”。反对君子用“绀緅”之色为常服作衣缘，既因为这两色为斋服和丧服之色，以此为缘不合礼仪；也因为重视服色之纯，贵一色而贱二采。反对君子以红紫二色作家居便服，因为红紫二色属于不正之色，卑贱之列，为君子不齿。二是着装要合乎“礼”。夏天外出，要在葛布单衣外另加衣服；冬天居家，裘衣长而且厚；服丧期间，不戴佩饰，服丧期满，须佩上该佩之物；吊丧不能着羔裘玄冠；朔日必须着朝服上朝等等。

这些都充分说明了孔子重视服饰之美，尤其重视服饰的礼仪性和规范化：什么身份的人在什么场合、什么时候如何着装，都应该适度。只有这样，才能体现出社会制度的有序和本人的修养，才符合社会规范。

老莱子斑衣娱亲

图 1　老莱子雕像（湖北荆门）

老莱子（约公元前 599—约公元前 479 年）（图 1），春秋晚期思想家（和老子与孔子一个时期），道教人物，楚国人（今湖北荆门），约出生于楚康王时期，卒于楚惠王时期。一生著书立说，传授门徒，宣扬道家思想。

《史记》《战国策》及《高士传》等书中都记有老莱子的事迹。长期以来，民间就广泛流传着老莱子“斑衣娱亲”的故事。“老莱子，孝养二亲，行年七十，作婴儿自娱。著五彩斑斓衣裳，取浆上堂，跌扑，因卧地为小儿啼，或弄雏鸟于亲侧。”此事初见于已散佚的《列女传》。

老莱子也是中国民间传说中二十四孝人物之一（图 2）。他非常孝顺父母，想尽办法讨父母的欢心。因为他对父母照料得无微不至，所以自己已七十岁了，父母还都健在。为了使父母有所娱乐，老莱子特地养了几只美丽善叫的鸟，让他们弄鸟玩耍。他自己也经常引逗鸟儿，使鸟儿发出动听的鸣叫声。他父亲听得高兴的时候，总是笑着说：“这鸟声真动听！”老莱子见父母脸上有笑容，心里非常高兴。一次，老莱子的父亲望着儿子花白头发，叹着气说：“连儿子也这样老，我们在世的日子不长了！”老莱子怕父母有这样的想法，不能长寿，便专门做了一套五彩斑斓的衣服，常

图 2　老莱子娱亲（武氏祠汉画像石）

常穿在身上，连走路也装成小儿跳舞的样子，使父母看了高兴。一天，他为父母取浆上堂，不小心跌了一跤。他怕父母伤心，索性赖在地上打滚，口中还装出婴儿啼哭的声音。老莱子装得太像了，以致父母以为他是故意跌倒的。见他老是不爬起来，笑着称赞说："莱子真会玩！快起来吧。"

宋朝苏舜钦的《老莱子》诗，则很直白形象地写出了戏彩娱亲的完整故事：

> 常羡老莱子，七十亲不衰。
> 飒然双白鬓，尚服五彩衣。
> 戏游日膝下，弄物心熙熙。
> 或时暂朴跌，辄作婴儿啼。

也因此有一成语叫作"斑衣戏彩"，说的就是身穿彩衣，作婴儿戏要以娱父母，比喻子女想尽办法孝敬奉养父母。

后世有"老莱子牌"海报（图3），旨在传承传统孝道文化。"这幅海报色彩鲜艳，画面充满喜庆，人物神态的刻画非常生动，老莱子如儿童般的表情和动作，父母被其感染后的喜悦，都画得传神逼真。"①

图3　"老莱子牌"海报（樊瑀，苏克主编，中国商业老海报：中国珍品典藏（第1集），河北美术出版社）

① 樊瑀，苏克. 中国商业老海报：中国珍品典藏（第1集）［M］. 石家庄：河北美术出版社，2010（2）：109.

子路结缨正冠丧命

图 1　子路画像（台北故宫博物院藏品）

子路（公元前 542 —公元前 480 年）（图 1、图 2），姓仲名由，字子路，是孔子最得意的门生之一，被视为儒家学派的重要奠基人。公元前 498 年，子路随孔子周游列国，推行“仁政、德治”的政治主张，在卫国（今河南濮阳）居住 10 年之久。在卫期间，子路推行孔子的思想和学说，并将其付诸实践，其政绩被孔子“三称其善”。

在儒家看来，衣冠代表着社会身份和人格尊严。衣冠是“君子”的标识，衣冠不整，就不是君子，衣冠比生命更重要。

图 2　《孔子弟子像卷》中的子路画像（南宋佚名绘）

《礼记·冠义》称：“冠者，礼之始也，是故，古者圣王重冠。”“冠而后服备，服备而后容体正、颜色齐、辞令顺。”就是说，戴上礼冠之后，才能做到容貌体态端正，容颜和悦，言辞顺达。所以古人把戴冠看成是一种“礼”。男子长到二十岁要行冠礼。《礼记·曲礼上》：“男子二十，冠而字。”（“冠”与“字”都是动词。冠读去声 guàn。字，另取别名。）行冠礼时有很多繁缛的仪节。少年男子一经行过冠礼，社会和家庭就按成人的标准要求他了，他的一举一动都要合于封建道德。《晏子春秋·内谏下》：“首服

（元服）足以修敬，而不重也。”《晋语》：“人之有冠，犹宫室之有墙屋也。”冠礼是做人的开始，于是冠就成了贵族的常服。

“冠礼”见于中国最早的礼书《礼记》中。中国古代称成人礼为“冠礼”，并把“冠礼”置于“六礼”之首，古人认为，“冠者，礼之始也。”故古者圣王重冠，足见中国古代对成人礼的重视程度。

“始”如何理解，《礼记·冠义》中说：“凡人之所以为人者，礼义也。礼义之始，在于正容体，齐颜色，顺辞令。容体正，颜色齐，辞令顺，而后礼义备。以正君臣，亲父子，和长幼。君臣正，父子亲，长幼和，而后礼义立。故冠而后服备，服备而后容体正，颜色齐，辞令顺。”我国古代把举行成人礼作为“重礼”放在礼仪中第一的重要位置，认为“重礼所以为国本也”。

《左传·哀公十五年》和《史记》都记述了孔子的弟子子路“结缨而死”的故事（图 3）。公元前 480 年，卫国发生了政变。孔子的两个弟子，子路和子羔都在卫国。当时，子路直入宫廷与武士斗，结果被卫士打断了结冠的缨带，冠就要掉下来了。这个时候，子路高叫：“君子死，冠不免！”于是，停下战斗来“结缨”结果丧命。“结缨而死”的那个缨，就是在冠圈两旁的丝绳。

图 3　结缨遇难（河南濮阳子路墓祠壁画）

赵武灵王胡服强国

“胡”是个模糊用语，在不同的历史时期，有时专指匈奴，有时泛指从东北到西兹诸游牧民族，有时甚至还要更宽泛一点。胡服的特点是短衣长裤、衣袖偏窄，便于肢体活动。骑兵，特别是骑射，是北方游牧民族的创造，其移动之迅速，袭击之突然，对多种地形适应之灵活，都是战车所不能及的。

当时中原传统的服饰，礼服是上衣下裳，常服是连衣、裳而为一体的“深衣”。而“古者深衣，盖有制度，以应规、矩、绳、权、衡。短毋见肤长毋被土。”说的是“古时候的深衣，都有固定的尺寸规格，来与圆规、曲尺、墨线、秤锤、秤杆来相符合。深衣的长度即使短，也不能露出脚背；即使长，也不能拖在地上。”[①]这种服装式样，只适合乘车，不适宜骑马。

周代贵族子弟接受“六艺”教育，其中有“御”（驾驭车之术），有“射”，却没有“骑”。学习射艺，也要特地用皮制的袖套，把宽大的袖子束起来。春秋至战国中期各国交兵，多用战车，骑兵不占重要地位。

战国七雄，秦、赵、燕三国与北方游牧民族接壤，深受胡骑骚扰之苦。秦长城、赵长城、燕长城都是为对付北族骑兵而修造的。赵国的北方、东方大部分边界与胡人部族相邻，楼烦、东胡等游牧民族经常纵骑南下，对赵国进行骚扰掠夺。他们身着短衣、长裤，腰束皮带，脚蹬皮靴，善于骑马射箭，且行动灵活，进退神速。而赵国和中原诸国一样，仍沿袭车战，部队组成仍以步兵和兵车混合编制的队伍为主。官兵的服装也不利于机动作战，仍是传统中原人的装束，即宽领口、肥腰、大下摆、宽袍大袖，而且盔甲笨重，结扎繁琐。赵国军队在反击游牧民族入侵时屡屡吃亏。

① 孔子，崇贤书院编译. 四书五经全本第4册［M］. 北京：北京联合出版公司，2017（3）：1897.

图 1　邯郸赵武灵王胡服骑射雕像

图 2　赵国采用胡人的短服来代替长袍，以骑马射箭来代替乘车持戈作战。不久，赵国成为“战国七雄”之一（邯郸日报社新闻网）

第一个全面引进胡服的是战国时代的赵武灵王（图 1），他出于军事上的目的，提倡“胡服以习骑射”（《史记·赵世家》）。

赵武灵王赵雍（公元前 340—公元前 295 年），东周中后期赵国的君主、政治家、军事家，改革家。赵武灵王坚持“服者，所以便用”（《战国策 · 赵策二》）的观点，对反对派“先王之法”“圣贤之教”，“变俗乱民”“蛮夷之行”等的种种意见加以驳斥。他不但自己穿，还让将军、戍吏穿，而且大夫、嫡子也要穿。赵国采用骑射战术以后，克中山，破林胡、楼烦，便捷的服饰穿着在此起了一定的作用。后来李牧大破匈奴，除了重视信息（烽火）、情报（间谍）外，也主要得力于骑兵（图 2）。

因为胡服轻便实用，所以很快便从军队传至民间，被广泛采用。后来又有汉灵帝喜着胡服。《后汉书 · 五行志一》记载：“灵帝好胡服、胡帐、胡牀、胡坐、胡饭、胡空侯、胡笛、胡舞，京都贵族皆竞为之。”赵武灵王 “胡服骑射”重大变革，虽然遭到保守派的重重阻力，但由于始于国君，最终得以实行，对汉族兵服和民服都产生了巨大的影响，胡服从此盛行于中原地区。胡服的引进使中国汉族服饰文化增添了新气象。这次民族服饰的融合，奠定了中华民族服饰由交流到互进的良好基础。

带钩成就桓公霸业

带钩是古代扣接腰带的用具，只要把带钩勾住革带另一端的环或孔眼，就能把革带勾住。使用非常方便，而且美观，由于它比革带的扎结方式更加便捷，因而很快就流行起来。

带钩的历史，如果从良渚文化的玉带钩算起，已有四千年，如果从春秋战国的带钩算起，那也有三千年了，可谓历史悠久。文献中记载了这样一个故事：春秋时齐国管仲追赶齐桓公，拔箭向齐桓公射去，正好射中齐桓公的带钩，齐桓公装死躲过了这场灾难，后成为齐国的国君。他知道管仲有才能，不记前仇，重用管仲，终于完成霸业。一个带钩写就了一段春秋史。

带钩始于春秋，流行于战国至汉，到魏晋时为带镉所取代。

战国秦汉时期，带钩的使用非常普遍，形制也日趋精巧，有竹节形、琵琶形、棒形、鱼鸟形、兽形等，其材质包括金、银、铜、铁、玉、玛瑙等各类。带钩既具服饰意义又具装饰功能，因此贵族们所用带钩的工艺特别考究。有些铜、铁带钩是用包金、鎏金、错金银、嵌玉、嵌琉璃或绿松石等方法加工而成的，品种繁多，制作精致轻巧（图 1、图 2）。

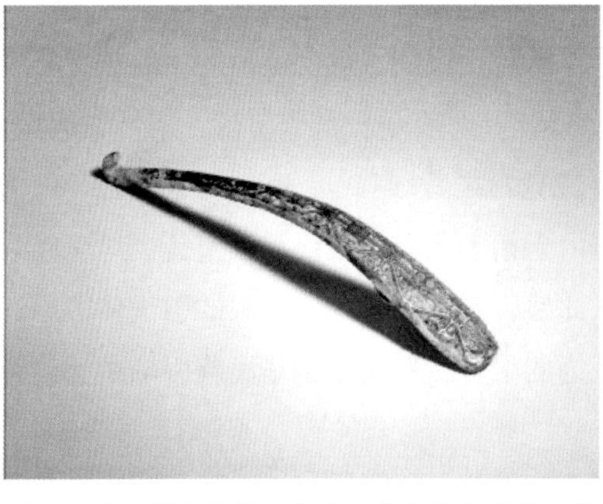

图 1　战国错金嵌松石带钩（北京故宫博物院藏品）

那么，齐桓公佩的是什么样的钩，能够挡住管仲的箭？这可能是春秋时就已出现的相对比较宽的牌式钩，而不是那种圆且窄的曲棒形钩。

带钩有许多故事。

《庄子·知北游》中记载：一个老人80岁了，一生专以制作带钩为业，他的带钩异常精致。于是，人们问他有什么诀窍。他回答，从20岁就开始制作带钩，十分喜爱，一生对于其他事情都不在意，一心一意想做出好带钩来。故事从侧面反映了带钩具有很高的工艺水平。

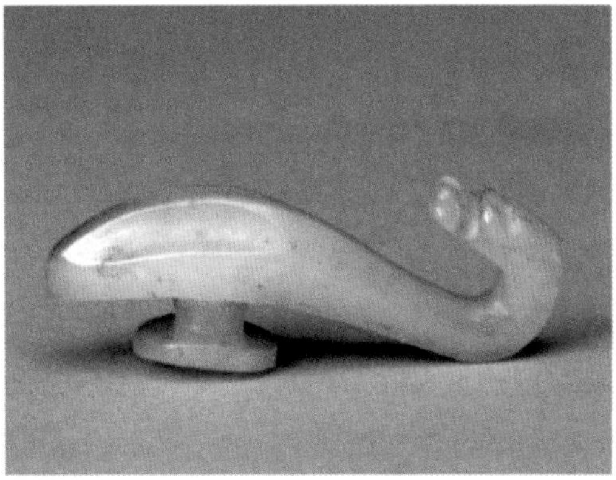

图2　白玉龙首带钩(汉)(北京故宫博物院藏品)

汉刘向《列仙传·钩翼夫人》中记载：“钩翼夫人者，齐人也，姓赵。少时好清净，病卧六年，右手拳屈，饮食少。望气者云：‘东北有贵人气。’推而得之。召到，姿色甚伟。武帝披其手，得一玉钩，而手寻展，遂幸而生昭帝……”

是说：钩翼夫人是齐郡人，姓赵。她小时候喜欢清净，卧病在床六年，右手指掌蜷缩，饮食很少。当时观望云气的人说：“东北方向有贵人气。”推算后找到了她。武帝下诏让她到了皇宫，发现她的容貌出众，掰开她蜷缩的指掌，得到一个玉钩，而她的手不久也就伸展开了。于是她受到武帝宠幸，生下昭帝。故事虽有点奇特，但反映了带钩在当时的使用风尚以及受人们重视的程度(图3)。

图3　钩弋夫人像(嘉庆间颜氏刻本《百美新咏》)

带钩虽小，却是中国传统服饰文化中的重要组成部分。

孟尝君狐白裘保命

狐的皮毛很珍贵，是制裘（皮袍）的好材料。《诗经》中有“取彼狐狸，为公子裘”之语。由于珍贵，就不易得，有时制裘不够用，只好以狐的皮毛为身，而以稍次于它的羊羔皮毛做袖，于是产生“狐裘羔袖”这一成语。宋苏轼曾说：“究观古之忠贤，少有完传……狐裘而羔袖者有之。”“狐裘”为褒义，比喻人大体完美；“羔袖”则谓尚有某些不尽完美之处。《左传·襄公十四年》：“右宰谷从而逃归，卫人将杀之。辞曰：‘余不说初矣，余狐裘而羔袖。’乃赦之。”谷是卫国大夫，卫献公逃往齐国，他先跟从逃亡，后来又回到卫国，国内反对献公的一派要杀他，他说当初就不愿意出亡，并以狐裘羔袖打比方，卫人果然饶了他。杜预解释道：“言一身尽善，惟少有恶，喻己虽从君出，其罪不多。”狐裘是珍贵的，只有袖子是羔皮，所以用来比喻过失是局部的。

狐腋下的皮毛尤为上乘，它细长、柔软、洁白，但只是狐皮毛中的极小部分，所以价值更高。《史记·商君列传》曰：“千羔之皮，不如一狐之掖（腋）。”用狐腋的白皮毛制成的皮袍称为“狐白裘”。在古代，只有君王才有资格穿，如上述《礼记·玉藻》记载：“君衣狐白裘……士不衣狐白。”狐白裘可以用来比喻精美的事物。宋胡寅《和朱成伯》诗“得句精如狐白裘”，是比喻句子精美，如狐白裘般珍贵的诗句。因为集很多狐腋才能制一裘，所以又有成语“集腋成裘”，比喻积少成多或合众力以成大事。

孟尝君（？—公元前279年）（图1），即田文，战国时齐贵族。袭其父田婴的封爵，封于薛（今山东藤县南），称薛公，号孟尝君。与赵国平原君、魏国信陵君和楚国春申君号称战国四公子。被齐王任为相，门下有食客数千。孟尝君有一宝物，《史记·孟尝君列传》中记载：“孟尝君有一狐白裘，直千金，天下无双。”

图 1　孟尝君雕像

“狐白裘”色白如雪，轻巧暖和，物以稀为贵，由于“狐白裘”数量有限，十分难得，因此成为王公贵族青睐的奢侈品。穿上这种“狐白裘”的服装，可以显示高贵的身份。

齐愍王二十五年（公元前 299 年），齐国又派孟尝君到了秦国，秦昭王立即让孟尝君担任秦国宰相。臣僚中有的人劝说秦王：“孟尝君的确贤能，可他是齐王的同宗，现在任秦国宰相，谋划事情必定是先替齐国打算，而后才考虑秦国，秦国可要危险了。”于是秦昭王就罢免了孟尝君的宰相职务。他把孟尝君囚禁起来，图谋杀掉孟尝君。《史记》中记载秦昭王“囚孟尝君，谋欲杀之”，孟尝君害怕了，就找人向秦昭王的宠姬求情。

这位宠姬早就耳闻孟尝君有一件天下无双的狐白裘，于是对来人说：“妾愿得君狐白裘”。孟尝君这件狐白裘价值千金，他自己都舍不得穿，可是和生命相比，狐白裘一文不值，孟尝君毫不含糊。但孟尝君来的时候，所带一件白色狐皮裘，到秦国后献给了昭王，再也没有别的皮裘了。孟尝君为这件事发愁，问遍了宾客，谁也想不出办法。有一位能力差但会披狗皮盗东西的人，说：“我能拿到那件白色狐皮裘。”于是他当夜化装成狗，钻入了秦宫的仓库，取出献给昭王的那件狐白裘，献给了昭王的宠妾。宠妾得到后，想方设法说服秦昭王。昭王放弃了杀孟尝君，随后便放了他，孟尝君由此保住了自己的性命。

于是孟尝君立即率领手下连夜偷偷骑马向东快奔。到了函谷关（在现在河南省灵宝市，当时是秦国的东大门）正是半夜。按秦国法规，函谷关每天鸡叫才开门。可是，半夜时候，鸡怎么才能叫呢？怎么才能过去呢？大家正犯愁时，只听见几声“喔，喔，喔”的雄鸡啼鸣，接着，城关外的雄鸡都跟着叫了起来。最后得知，孟尝君的另一个门客会学鸡叫，而鸡是只要听到第一声啼叫就立刻会跟着叫起来的，不管是什么时候。怎么还没睡踏实鸡就叫了呢？守关的士兵虽然很纳闷，但鸡叫就是标准，也只得起来打开关门，放他们出去。天亮了，秦昭王得知孟尝君已逃走，立刻派人马追赶。追到函谷关，然而孟尝君却靠着鸡鸣已然脱身出关。这也就是成语“鸡鸣狗盗”的来历。

春申君三千珠履客

春申君（公元前314—公元前238年）（图1），名黄歇，楚国属国黄国（今河南潢川）人，楚国大臣，曾任楚相。黄歇游学博闻，善辩。楚考烈王元年（公元前262年），以黄歇为相，赐其淮河以北十二县，封为春申君，是战国四公子之一。贾谊在《过秦论》中曾盛赞孟尝、平原、春申、信陵“此四君者，皆明智而忠信，宽厚而爱人，尊贤而重士”。[①]

图1　春申君雕像

《史记 · 春申君列传》载：“赵平原君使人于春申君，春申君舍之于上舍。赵使欲夸楚，为玳瑁簪，刀剑室以珠玉饰之，请命春申君客。春申君客三千余人，其上客皆蹑珠履以见赵使，赵使大惭。”[②]说的是春申君已经在楚国做了宰相。这时战国四公子——齐国孟尝君，赵国平原君，魏国信陵君，加上楚国春申君，都

① 刘高杰. 国学经典集锦［M］. 北京：光明日报出版社，2015（8）：59.
② 线装经典编委会. 白话史记［M］. 云南：云南人民出版社，2017（1）：257.

争相礼贤下士，招徕宾客，把持政权。有一次，赵国平原君派人来见春申君，春申君把来人安置在上等住处。这位赵国的使臣想夸耀富有，特意头上插着玳瑁簪子，佩戴着用珍珠宝玉装饰鞘套的刀剑，请求会见春申君的宾客。春申君的门客有三千多人，都前去会见赵国的使臣。赵国的使臣见春申君的门客连鞋子上都缀着珍珠，自叹不如，羞愧难当，十分尴尬。这就是三千珠履的典故。张继诗有云："当时珠履三千客，赵使怀惭不敢言。"，因而珠履成了豪门宾客的代称。李白《寄韦南陵冰》诗中也有"堂上三千珠履客，瓮中百斛金陵春。"的记载。

中国是世界上利用珍珠最早的国家之一（图 2、图 3）。珍珠，在中国古代，远在金银、美玉之上。两千五百多年前，《诗经》中就有了珍珠的记载。在汉语言词汇中，以"珠""玉"组成的成语，都与美好的事物有关。成语和典故中有"珠圆玉润""珠从珠还""合浦还珠""以珠易人"等记载，而"三千珠履"更成了古人奢侈品的代名词，似乎今人也难以企及。

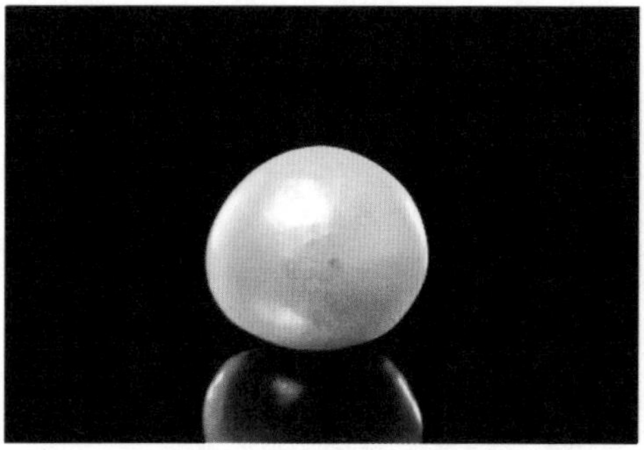

图 2　清大珠（北京故宫博物院藏品）

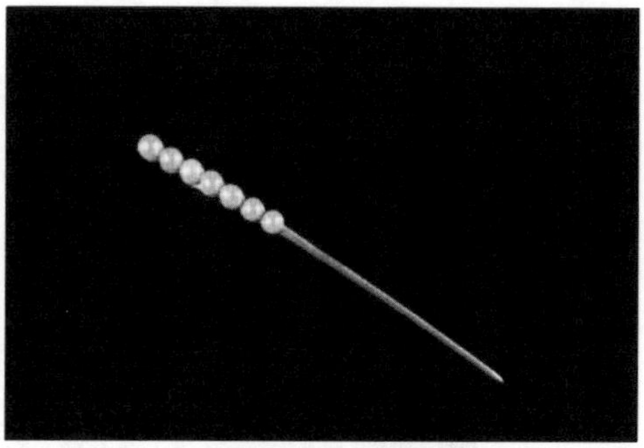

图 3　金镶珍珠簪（北京故宫博物院藏品）

屈原奇服明志向

屈原（约公元前340—约公元前278年）（图1），战国时楚国诗人，楚公族，事楚怀王，曾任左徒、三闾大夫。学问博，见识广，受怀王信用。子兰、上官大夫等害其能，短于王，王乃疏原。楚襄王时再次受谗，被放逐于沅湘一带。痛心忧国，乃投汨罗江而死。屈原著有《离骚》《九章》《九歌》等作品，开楚辞之体。

“奇服”一词源自屈原《九章 · 涉江》，这首诗记叙了诗人南下溆浦的经过，表现了诗人至死坚持正义的伟大人格。开头五句写自己自幼学好奇特而华美的服饰，直到年老也不松懈：“余幼好此奇服兮，年既老而不衰。带长铗之陆离兮，冠切云之崔嵬。被明月兮珮宝璐。”

意思是：我少时就喜好这奇服啊，年虽老兴趣不衰。带着光彩绚丽的长剑啊，头戴高耸的切云冠。披着明月珠啊身佩宝玉。

这同《离骚》中“高余冠之岌岌兮，长余佩之陆离”是相同的，是用奇异的服饰、高洁的生活情趣来比喻自己善美的品德和远大崇高的理想（图2）。

“奇服”在这里是指“奇伟的衣服”，与下文中“带长铗、冠切云、被明月、佩宝璐”来表达作者与众不同的志向与品行，在此可以看成是个性的一种

图1　《屈子行吟图》（明陈洪绶）

图 2 《离骚图》(清顺治萧云从绘)

体现。

在现代一些人眼里，奇装异服代表着异端、叛逆。其实，所谓的奇装异服，最重要的特征就是彰显个性，最必要的则是敢于反潮流而动，自穿自乐的一种勇气。

事实上，所有的时装都是由奇装异服演绎而来，过去那些让我们心动的衣服，必然为今天更加奇异的时装所替代，这是美的进化的必然也是服装发展的必然。我们期待一个奇装异服大行其道的年代。

项羽重衣锦还乡

服饰的等级化是古代服制的主要内容之一，所谓“分尊卑、别贵贱、辨亲疏”，服饰是表示人们社会地位和阶级属性的标志。不同等级的人为了区别其社会地位、贫富贵贱，常制定不同的服饰。无论是式样，还是颜色、图案或质料，对不同身份的人来说有不同的规定。

图 1　明绿色地缠枝牡丹菊纹双层锦（北京故宫博物院藏品）

服装的质料中丝绸和棉麻成了区分贵贱的手段。“锦”字的含意是“金帛”,意为“像金银一样华丽高贵的织物”，事实上古代确有用金银箔丝装饰织造的锦缎。因此锦的外观瑰丽多彩，花纹精致高雅（图 1）。我国早在春秋以前就已生产锦类织物，《诗经》中有描述：“锦衣狐裘”“锦衾烂兮”。“锦”是如此华丽高贵，于是官员权贵无不以衣锦为荣，“衣锦还乡”成了光宗耀祖的代名词。

项羽（公元前 232—公元前 202 年）（图 2），名籍，字羽，下相（今江苏宿迁）人，秦末农民起义领袖之一。巨鹿之战中他击溃秦军主力，扭转了战争局势，威震四方。公元前 206 年灭秦后，他自立为西楚霸王。在楚汉战争中，被刘邦击溃，被围于垓下，自刎于乌江。

《史记·项羽本纪》记载公元前 206 年，项羽领兵杀入秦国都城咸阳，杀死

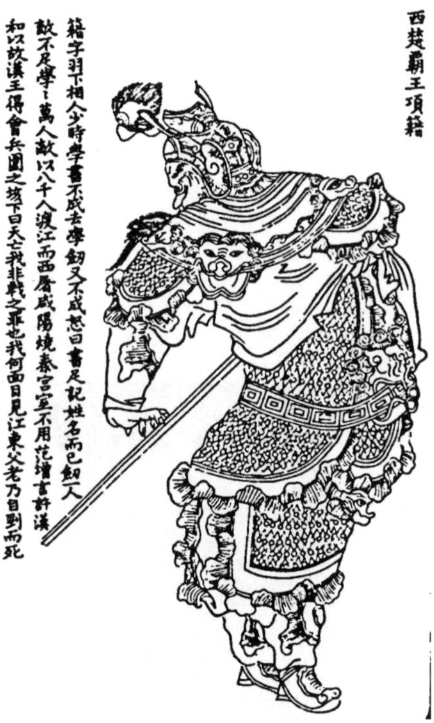

图 2　项羽题跋侧身像（清金史（古良）绘，康熙中叶刻本《南陵无双谱》）

已经投降的秦王子婴，放火焚烧秦国的宫室。接着，项羽带着财宝和妇女，准备归乡炫耀项羽的谋臣韩生劝谏项羽说：“关中地区阻隔山河，易守难攻，土地又肥沃，可以作为都城，您在此称霸。”

项羽见秦国的宫室已被烧得残破不堪，心中又想着东行回到故乡，他说：“人富贵了却不回到故乡，就好比穿着锦绣华美的衣服在夜间行走，有谁能知道呢？”“衣锦夜行”是说穿着锦绣的衣裳走夜路，无人看见，这是毫无价值的。

“衣锦还乡”的观念，在中国由来已久并深入人心。衣锦还乡，成了中国古人乃至当今个人最大的奋斗梦想。这个现象潜藏着深层的文化意蕴，反映古代服饰制度的等级性内容，也反映了中国人背井离乡的普遍现象和根深蒂固的乡土情结以及至关重要的面子心理。

汉文帝恤民免脱袜

1959 年新疆发现一双东汉织锦袜子（图 1）。这双袜子使用彩色的织锦缝制，绛红色地。织锦的主题纹饰由虎、豹、龙等六种兽纹横列组成，周围遍布山脉、云气纹，纹样完整，色彩鲜艳。这个发现证明，至少在汉朝以前纺织品袜子已进入普通百姓的生活。

图 1　新疆民丰出土的东汉锦袜（中国考古）

秦汉时期着袜是生活习惯，但在正式的场合比如朝会及祭祀大礼时，是不穿袜子的，因为那时有脱袜致敬的礼仪。

刘恒（约公元前 203—公元前 157 年）（图 2），关中长安（今陕西西安）人，西汉第五位皇帝，公元前 180—公元前 157 年在位，为汉文帝，是汉高帝刘邦的第四子。

图 2　刘恒题跋像（明天然撰赞，弘治十一年重刻本《历代古人像赞》）

即位之后，为稳固帝位，他励精图治，兴修水利，厉行朴素，废除肉刑，国家强盛安乐，百姓富裕小康，开启了“文景之治”的发端（汉文帝与其子汉景帝统治时期被合称为“文景之治”）。

汉文帝一生十分关心民生问题，认为农业是民生之本，所以非常重视发展农业，不仅大幅度免除农民的租税，还亲自带头到田间耕作。

他一生还非常俭朴，平时所穿的是质地粗厚的丝织衣服。对自己宠爱的慎夫人，也要求甚严，不准她穿长得拖地的衣服，所用的帏帐不准绣彩色花纹（图3）。在临死之前，文帝仍心系民生，不忘为民着想，下诏说自己死后，百姓哭吊三日就可除去丧服；不要禁止娶妻、嫁女、祭祀、饮酒、吃肉；应当参加丧事、服丧哭祭的人，都不用脱袜子赤脚；服丧的麻带宽度不要超过三寸，不要陈列车驾和兵器，不要动员民间男女到宫殿来哭祭等。汉文帝即位二十三年，宫室、园林、狗马、服饰、车驾等均没有增加。但凡有对百姓不便的事情，就予以废止；但凡便民利民的事情，便事无巨细，倾力而为。

脱袜致敬的礼仪，是皇帝考察人才的试金石。汉成帝时，皇侄中山王朝见成帝。成帝赐他一同进餐。中山王吃饱后站起来，袜带松开了。成帝一直在观察他。见此状，便认为中山王无能，转而认为定陶王较好。成帝无子，最终从皇侄中选中定陶王来继承皇位（图4）。

除了脱袜与不脱袜的规定，着袜也要与礼服相配。与礼服相配一般用赤

图3　刘恒与窦皇后、慎夫人画像（宋人绘《却坐图》，台北故宫博物院藏品）

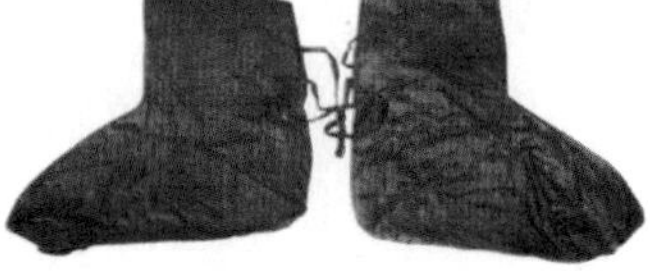

图4　长沙马王堆汉墓出土的绢袜（中国考古）

袜。东汉皇帝着赤袜祭祀山川宗庙以示赤心，后世沿之。礼服中的袜比较精致，里外双层，宋朝用罗表缯里与鞋筒相系。唐代皇帝拜祖陵时服白袜。燕居时皇帝也着白袜，用绢绫等制成。立冬时皇帝要穿用罗、帛十余层做成的“千重袜”。

脱袜示敬之风，一直到唐代才逐渐消失。至唐代，寻常入朝，已皆着履或靴，唯祭祀尚有脱袜赤足以为致敬者。

苏武不改汉朝衣冠

以衣食住行为主体的生活方式，衣冠服饰在中国处于第一位。这不是简单的文字排列，而是社会制度所造就的文化模式。服饰逐渐被提升为权力的象征，形成了衣冠之治的传统；衣食住行受到礼制的限定，表明生活方式受一定的政治影响。

服饰在中国不仅有遮体、保暖、观瞻的功能，还提升为权力象征，是一种民族的气概。

苏武流亡匈奴传为千古美谈的是他十九载不改汉朝衣冠的事迹。

苏武（公元前 140—公元前 60 年）（图 1），字子卿，汉族，杜陵（今陕西西安）人，代郡太守苏建之子，西汉大臣，武帝时为郎。天汉元年（公元前 100 年）奉命以中郎将持节出使匈奴，被扣留。

图 1　苏武半身像（清顾沅辑，道光十年刻本《古圣贤像传略》）

公元前 100 年，汉武帝派中郎将苏武为大汉使者出使匈奴。匈奴单于企图说服他们投降，但苏武宁死不从。单于见苏武一身正气，坚决不肯低头，就命人将苏武押送到北海去牧羊。

据《史记》记载："武既至海上，廪食不至，掘野鼠去草实而食之。杖汉节牧羊，卧起操持，节旄尽落。"[①]北海一带非常荒凉，粮食不够吃，苏武就捉野鼠和拿草籽充饥。但他始终不忘自己是汉朝使臣的身份。牧羊时总拿着汉朝使节，使节上的旄毛全都脱落了，还是不肯丢弃。

① 司马迁. 史记英选［M］. 北京：商务印书馆，2018（3）：324.

他望着天空中年年南飞的群雁，盼着有朝一日也能像大雁一样重归故土。19年后，汉朝又派使者出使匈奴。得知苏武不辱汉朝使者的使命，在荒无人烟的北海牧羊19年的事迹后，汉使非常感动，就去对单于说："我们汉朝皇帝射到一只大雁，雁足上系着一张纸说苏武仍被你们关在北海牧羊……"匈奴单于大吃一惊，觉得天意难违，也不能再扣留苏武了。

苏武随着汉朝的使臣归国的时候，虽然穿上了汉朝使者给他带来的汉朝衣冠，但却有两件东西没有丢。一件是作为汉朝使臣必须手持的旌节，另一件是一个神秘的小包袱。

回到长安那天，城内城外许多官员和百姓都出来迎接他，他们看到这个19年未归的使者虽然须发苍苍，却仍然高举着那根已经脱了穗子的旌节，无不被他的爱国气节所感动，人群中响起一片啜泣之声。

觐见汉昭帝的时候，苏武当着接自己回国的汉朝使者的面，打开了包袱。这个小包袱里，包裹着一套汉服，更准确地说，是苏武19年前，出使匈奴身穿的衣服，虽然上面有一个自杀割开的刀口（已经被缝补）和洗不掉的血渍，但这套汉服还是被苏武保存了19年——很显然，苏武觉得自己一定能够回国。这套汉服，被他收留了起来，在贝加尔湖边，他不知道看过多少回，每当他信心低落的时候，都会将其取出来看一回，每看一回，都会信心满血。

唐代李白有诗曰：

苏　武

苏武在匈奴，十年持汉节。
白雁上林飞，空传一书札。
牧羊边地苦，落日归心绝。
渴饮月窟水，肌餐天上雪。
东还沙塞远，北怆河梁别。
泣把李陵衣，相看泪成血。

图2　苏武半身画像

相如自著犊鼻裈

裤子是腰部以下所穿的主要服饰。现今，人们穿着的裤子由裤腰、裤裆和两个裤脚三部分组成，但中国古人所穿的裤子与现在的裤子概念是大不相同的。古代的裤子种类极为繁多，也有着极为漫长的演变历史。

我国古代，裤子有两大类，一种叫作“袴”或“绔”，另一种叫作“裈”。

袴，古时指套裤。早在春秋战国时期，人们已有穿着。《太平御览》引《列士传》记载：“冯援经东无袴，面有饥色。”又引《高士传》：“孙略冬日见贫士，脱袴遗之。”不过那时的裤子可不分男女，而是都只有两只裤腿，无腰无裆（也可说是无腰开裆），穿时只套在胫上（膝盖以下的小腿部分）古人又称之为“胫衣”。因其只有两只裤管，所以，裤的计数与鞋袜相同，都以“双”来计。穿这种裤子，其目的是遮护胫部，当然，穿着这样的裤子，如果外面不用其他服饰加以遮掩的话，那就有点不文明了。所以，古人在袴的外面，往往着有一条似腰裙的服饰，这就是裳。秦汉之际，裤子也从胫衣发展到可遮裹大腿的长裤了，但裤裆仍不加以缝缀。因为在裤子之外，还有裳裙，所以，开裆既不会不文明，也便于私溺。因而古书上也将这种裤子叫作“溺袴”。

裈，有裤裆的为“裈”。是古代的内裤。分两种：一种像今天的平角内裤，略长些，一般齐膝，或者在膝盖稍微往上，有两条明显的裤管。另一种很短，类似于现代的三角内裤，这就是“犊鼻裈”。以其像牛的鼻子而得名。在古代这是贫贱劳作者穿的（图 1）。但也有人在特殊情形下，故意为之，这个人就是司马相如。司马相如在市场上大穿其犊鼻裈，也是为了显其贫贱以让丈人卓王孙难堪。因此也成为一段趣闻。

司马相如（约公元前 179—约公元前 118 年）（图 2），字长卿，汉族，蜀郡

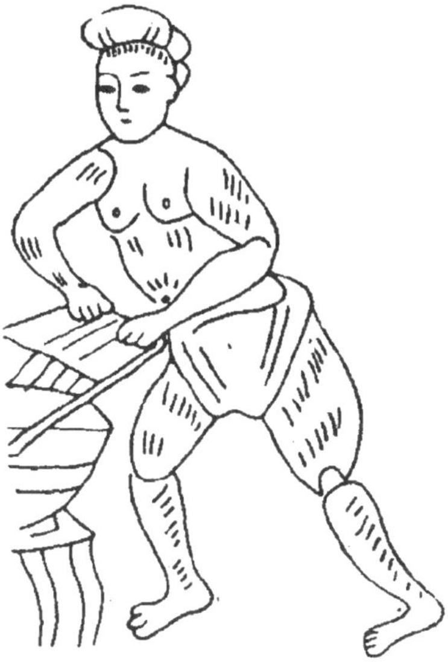

图 1　汉画像石中穿犊鼻裈的农夫

图 2　司马相如

成都（今四川成都）人，西汉辞赋家。《史记·司马相如列传》载："乃令文君当垆，相如身自著犊鼻浑，涤器于市中。"

汉代辞赋家司马相如，回到成都老家后，临邛县令王吉邀请他去大财主卓王孙家去做客。他看上了卓王孙的寡妇女儿卓文君，文君夜奔相如，与之结为夫妇。卓王孙不认这门亲事，司马相如与卓文君开了个酒馆，文君当垆卖酒，相如穿着犊鼻裈与奴仆一道洗器皿，卓王孙感到耻辱，才被迫认亲。

张敞画眉成时风

人们常用“眉清目秀”“眉目如画”作为评价美女的基本标准，说的就是眉毛在五官中的位置举重若轻。画眉属重要的妆容手段，属于广义的服饰文化范畴。

汉时兴描眉，形成眉妆史上第一个高潮，典故张敞画眉可见时风（图 1)。张敞（公元前？—公元前 48 年），字子高，西汉茂陵（今陕西兴平）人。祖父张孺为上谷太守，父张福事汉武帝，官至光禄大夫。

图 1　张敞画眉图（清周秉沂）

《汉书 · 张敞传》记载：“（敞）又为妇画眉，长安中传张京兆眉怃。有司以奏敞。上问之，对曰：‘臣闻闺房之内，夫妇之私，有过于画眉者。’上爱其能，弗备责也。”由此留下以下一串成语，如“京兆眉妩”“京兆画眉”“画眉举案”等。这一高潮的形成“与汉代礼制的形成、统治者的重视有关，与姬妾盛行、男尊女卑进一步强化也有密切关系”。女子的装扮，往往以男子喜怒为转移，更以取悦男子、媚惑男子为目的，典型如“愁眉啼妆”。《后汉书 · 五行志一》“桓帝元嘉中，京都妇女作愁眉、啼妆、堕马髻、折腰步、龋齿笑。所谓愁眉者细而曲折。啼妆者，薄饰目下，若啼处。”愁眉这种眉式，据说出自东汉孙寿之手。愁眉，眉细而曲折。这种纤细而曲折的愁眉，与西汉时期的八字眉类似，也是眉头朝上、眉梢向下，给人啼泣之感。

到唐朝，政治稳定，经济繁荣，促进了妆容文化的发展，画眉之风达到了登峰造极的地步。风流天子李隆基甚至命人做了“十眉图”。鸳鸯眉、小山眉、五岳眉、垂珠眉、月棱眉、分梢眉、涵烟眉、拂云眉、倒晕眉，是为“十眉”。即便是美貌又自信的虢国夫人（杨玉环的姐姐），面见天子时可以素面朝天，但眉还是要画的，因为玄宗如上述痴迷美眉。张祜就此写了一首《集灵台二》：“虢国夫人承主恩，平明骑马入宫门。却嫌脂粉污颜色，淡扫蛾眉朝至尊。”，这便成了成语淡扫蛾眉的出处。而有才华的女子则被称为扫眉才子，王建《寄蜀中薛涛校书》诗云：“万里桥边女校书，枇杷花里闭门居。扫眉才子知多少，管领春风总不如。”这是其出处。扫眉，即画眉。李商隐《代赠二首》诗：“总把春山扫眉黛，不知供得几多愁”；温庭筠《南歌子》词：“倭堕低梳髻，连绢细扫眉”等都是吟诵“扫眉”的诗句。

唐代妇女的画眉样式，比起从前要显得宽阔和浓重些。唐人给这些不同的眉式赋予了不同的名称，比较著名的有柳叶眉、却月眉、八字眉等。柳叶眉简称柳眉，是一种眉头粗圆、眉梢尖锐、眉身宽阔的眉式，因形状与柳叶相似而得名。柳眉是唐代妇女所推崇的，韦庄《女冠子》词：“语多时，依旧桃花面，频低柳叶眉”白居易《长恨歌》中“芙蓉如面柳如眉”咏的就是这种眉式。柳叶眉在后代继续盛行，成语“杨柳宫眉”“柳眉剔竖”“柳眉倒竖”等都出自元明清三代，如元刘时中《同文子方邓永年泛洞庭湖宿凤凰台下》中描述：“杨柳宫眉，桃花人面，是平生未了缘。”可见柳叶眉为后世妇女所认同。

另外，眉在目上，眉目一体，是面部最生动的部分，并成为古代妇女表达情感的主要手段之一，于是可以“挤眉弄眼”“眉目传情”。

民妇巧织散花绫

散花绫是历史上著名的一种斜纹提花织物，汉代始为出现。自唐代花楼机出现后开始流行，兴盛于宋代。散花以小碎花为单位纹样，满地铺陈，自由散点排列（图1）。

西汉最精美的丝织品散花绫，产自巨鹿（今河北平乡）。当时，西汉巨鹿郡的提花多捏织机，能织造图案非常复杂的丝纺织品。这些丝纺织品成为西汉帝王赏赐将相高官们的圣物。

陈宝光妻（在古代，一般妇女出嫁后都不用自己的名字，而是跟随丈夫姓氏，她的本名已失传），是西汉著名纺织妇女，巨鹿人，善织花纹鲜丽的蒲桃锦和散花绫，每匹价值万钱。曾创制一种提花机，每一经线有一足踏的蹑，共120条经线、120个蹑。织出的“散花绫”，受到太尉霍光夫妇的青睐。昭帝时，她为大将军霍光织散花绫25匹，60日才成一匹，精美异常。

《西京杂记》中有记载：“霍光妻遗淳于衍蒲桃锦二十四匹，散花绫十五匹。绫出钜鹿陈宝光家，宝光妻传其法霍显召入其第，使作之。机用一百二十镊，六十日成一匹，匹直万钱。”①

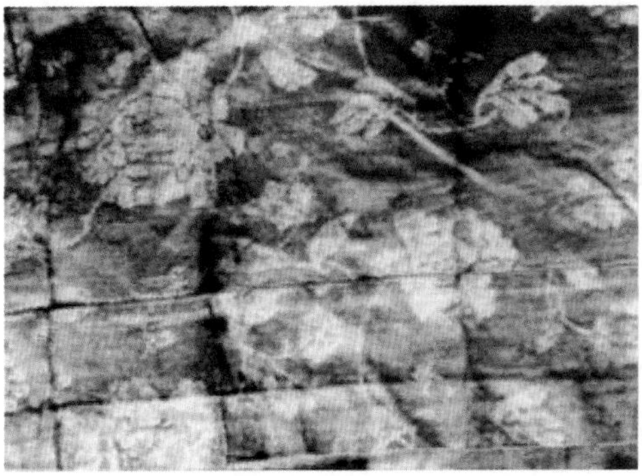

图1　宋散花绫

因霍光家曾受过皇后的乳医（女医）淳于衍的帮助，因此，霍光夫人就赠送淳于衍30匹蒲桃锦和25匹散

① ［汉］刘歆等. 西京杂记译注［M］. 上海：上海三联书店，2013（6）：33.

花绫作为报答。这蒲桃锦是当时官府织室的高级产品，而散花绫就是出自陈宝光妻之手。

可见这种纺织技艺非常复杂，织出的丝织品成为当时最昂贵、最精美的丝织品。

“陈宝光妻子能够生产这些精湛的丝织品，除了掌握高明的技术以外，纺织机械的不断革新也起了很大的作用，因为那时已发明纺织提花机。”[①]（图 2）

图 2　东汉纺织图画像石拓本局部（一织女在织机上踏蹑提综，旁边一少儿手扶机台，右边一妇人在络纱，一片忙碌，织坊上方悬挂多枚线团）

① 沈雨梧. 中国古代女科学家［M］. 杭州：浙江大学出版社，2014（9）：27.

班婕妤纨扇表幽思

我国是扇文化的发祥地。扇子的历史悠久、品种繁多。根据制作材料的不同，分为“羽扇”“竹扇”“葵扇”“绢扇”“纸扇”等，从形态有“团扇”“折扇”等。

扇子自从诞生起，似乎就成了才子佳人的装饰品，尤其是丝织扇面的团扇。随着丝织手工业的发达，制扇原料多用绢、罗、纱、绫、缯面，色尚素白，扇形尚圆。团扇，于汉代定型，唐宋元明清历代沿用不衰。中国画人物故事、山水楼阁、花卉翎毛、仕女婴孩、风俗等题材，都成为幅不盈尺的扇面题材。唐代王建《调笑令》中说：“团扇，团扇，美人并来遮面。”可见团扇已成为一种年轻女子用来显示风雅的实用装饰品。

历代写扇、以扇言志的诗文很多。汉班婕妤（公元前 48 —公元 2 年）的《怨歌行》（又名《纨扇诗》）因其哀怨凄婉（图 1），对后代这一题材的作品创作影响很大。其诗云：

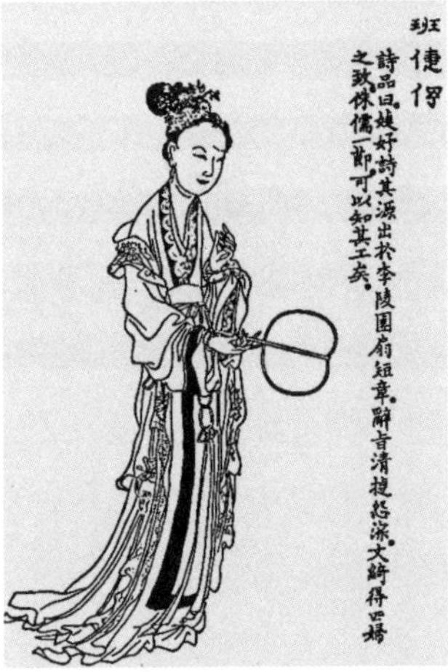

图 1　班婕妤题跋全身像（清上官周绘，乾隆八年刻本《晚笑堂画传》）

“新裂齐纨素，鲜洁如霜雪；
裁为合欢扇，团团似明月。
出入君怀袖，动摇微风发。
常恐秋节至，凉飚夺炎热，
弃捐箧（qiè）笥中，恩情中道绝。”

这里的扇子是指绢扇（古代，绢扇的扇面除了素绢外，又常以纨、罗等丝织品为原料，故又名“纨扇”或“罗扇”），这是一个失宠的女人借扇子发出的哀怨。

图 2　班婕妤像（清人绘）

班婕妤（图 2），是汉成帝刘骜的妃子，还是左曹越骑校尉班况的女儿，也就是后来大名鼎鼎的班固和班超的祖姑母，西汉著名才女，中国文学史上以辞赋见长的女作家之一。代表作品《自伤赋》《捣素赋》《怨歌行》等，《汉书 · 外戚传》中有她的传记。

班婕妤少有才学，工于诗赋，熟悉史事，还擅长音律。十七八岁时被汉成帝选入宫廷，始为少使，未几受宠，立为婕妤。在赵飞燕入宫前，成帝为她的美艳及风韵所吸引，很喜爱班婕妤。

后来体轻如燕、能歌善舞的赵飞燕得宠，班婕妤受到冷落。鸿嘉三年，许后"巫蛊"案发，赵飞燕诬陷班婕妤"祝诅后宫，詈及主上"，成帝亲问此事，班婕妤认为自己谨守妇道，绝没有干这种蠢事。成帝释疑，不加罪于她，但她知赵氏姐妹阴险恶毒，恐久见危，便请求到长信宫侍奉太后。自此班婕妤退居东宫，长期过着寂寞凄凉的生活，悯繁华之不滋，藉秋扇以自伤，写了《团扇歌》(亦称《怨歌行》)。班婕妤自知，自己如秋后的团扇，再也得不到汉成帝的怜爱了。该诗流传甚广，影响甚大，后来便以秋凉团扇作为女子失宠的典故，又称班女扇。之后历代，团扇几乎成为红颜薄命、佳人失势的象征。而团扇与凄楚的人生境况的关联，就是源于汉代的班婕妤。后代诗人多有以"宫怨"为题而赋诗者，如王昌龄云："且将团扇暂裴回"，李嘉佑云："婕妤团扇苦悲秋"，都是借用班婕妤的典故。成帝死后，她奉守成帝陵园，死后葬于园中，时年约四十岁。

刘秀好越布单衣

在汉代，较为流行的服饰面料是各类葛布。

葛的纤维比麻更细更长，一般情况下也比麻织品更细更薄。细的葛织品古代称“絺（chī）”，粗厚的称“绤（xì）”，比絺更细的称“绉（zhòu）”。由于会稽地区（今浙江省绍兴）的葛布品质优良，质地细腻、色泽洁白，又被称为“越葛”“白越”“细葛”“香葛”，非常珍贵，在左思的《吴都赋》当中就有描写。“越布”也因此格外受人喜爱。

《后汉书·陆续传》记载：陆续祖父陆闳“美姿貌，喜着越布单衣，光武见而好之，自是常就会稽郡献越布。”①说的是东汉初年，有位名叫陆闳的吴人，人长得漂亮，爱穿越布单衣，光武帝刘秀（公元前5—公元57年）（图1）见了，也十分喜好越布，并自此以后，常令会稽郡献越布，这是越布成为朝廷贡品的最早记载。自从越布被列为东汉贡品后，声名鹊起、名贵一时。越布也因此格外受人喜爱。（澶）州（日本列岛的一部分）人“时有至会稽货布”。左思《吴都赋》中说：“焦葛升越，弱于罗纨”，越布也成为宫室内外人见人爱的珍品，皇后也往往以此为礼物，赐给宫中贵人，以显示自己的地位。

图1 刘秀像

南朝梁刘孝绰《谢越布启》中称此布

① ［南朝］范晔. 后汉书［M］. 北京：中华书局，1965：2682.

“既轻且丽”。南宋史达祖词《龙吟曲》中有“道人越布单衣，兴高爱学苏门啸”之句。

浙江省宁波余姚地区是越布的主要产地，在当地又称“余姚土布”“余姚老布”。

余姚土布，有两个阶段，第一是葛纤维、蚕桑丝绸，第二才是棉花老布（图2、图3）。

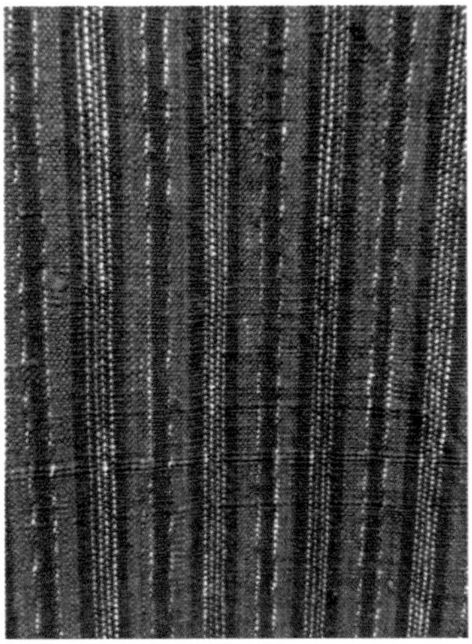

图2　余姚土布 条纹（摄于余姚土布展示馆）

图3　余姚土布 方格（摄于余姚土布展示馆）

余姚土布以历史悠久、工艺细致、花色美观、实用牢固而闻名。东汉时期，余姚生产的“越布”闻名全国。宋绍兴十六年（公元1146年），余姚年产7.7万多匹。元朝时，所产“小江布”风行全国。清朝时期，姚北乡村呈现“家家纺纱织布，村村机杼相闻”的景象。“三北彭桥一带则是越布的主要原产地。越布又称“小江布、细布”，中国歌谣集成浙江省卷载：《余姚土特产谣》“彭桥细布雪雪白”。①目前，余姚土布以非物质文化遗产的形式传承下来，为第三批国家级非遗项目。

① 慈溪市水利局，慈溪市档案局．三北围垦文化史稿［M］．北京：中共党史出版社，2010（11）：176.

贰

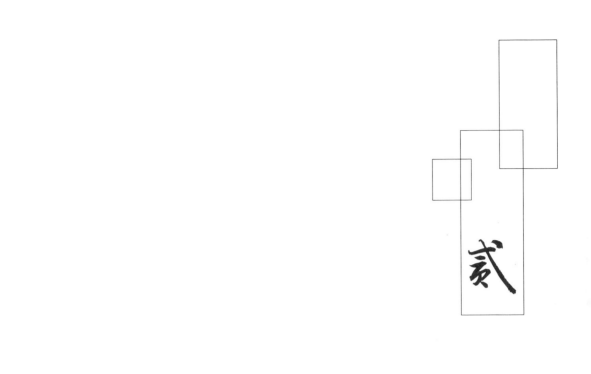

曹操制白帢成时尚

图 1　曹操题跋像（明天然撰赞，弘治十一年重刻本《历代古人像赞》）

曹操（公元 155—公元 220 年）（图 1），本名吉利，字孟德，小名阿瞒，谥号武皇帝（魏武帝），沛国谯县（今安徽亳州）人。东汉末年杰出的政治家、军事家、文学家、书法家，曹魏政权的奠基人。

曹操曾亲自发动过一场“颜色革命”，向白色服饰不吉利的旧俗发起了挑战。

汉末，当时兵荒马乱，正值饥馑之年，物资十分紧缺，人们的穿衣戴帽都没法讲究。曹操崇尚俭朴，传说他见曹植妻子穿绣花衣，便要“以违制，命还家赐死”。他考虑到战争使物资匮乏，让军人以普通白布便帽做正式的官帽。

《晋书·五行志》载：“魏武帝以天下凶荒，资财乏匮，始拟古皮弁，裁缣（jiān）帛为白帢（qià），以易旧服。”①

白帢，是一种以缣帛为底料、不加染色的帽子，犹如上古的皮弁。考虑到民间的禁忌，曹操不仅带头使用这种白色首服，甚至连参加宴会时都不脱下。白帢

① 中国文物学会专家委员会：中国艺术史图典·服饰造型卷［M］．上海：上海辞书出版社，2016（12）：93.

很快便流行开来，成为一种时尚，为魏晋士人所青睐（图 2）。

后世，作为一种便帽，仍有流传。“封建时代，官、民之服有别，自操之后，士大夫往往入仕则释白帕，去官则著白蛤。”①明代嘉靖末年到万历前期创作的《皇都积胜图》再现了明代中后期北京城繁盛的景况，当中有多人都戴白帢（图 3）。

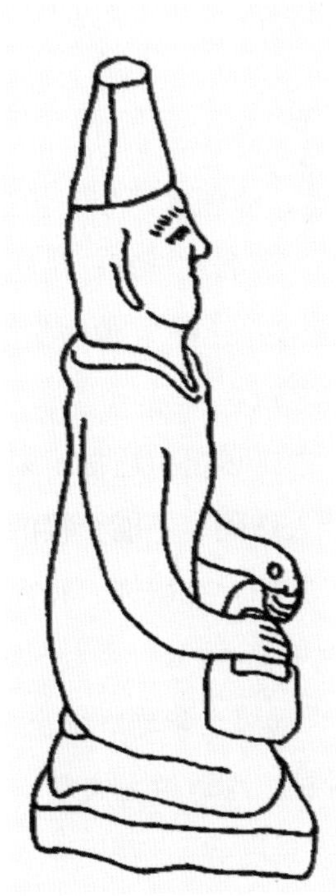

图 2　戴白帢的魏晋男子（湖南长沙晋墓出土陶俑）

图 3　明《皇都积胜图》中戴白帢的人（局部）（中国国家博物馆藏品）

① 林剑鸣，吴永琪．秦汉文化史大辞典［M］．上海：汉语大词典出版社，2002（12）：234.

曹植妙笔写洛神

曹植（公元192—公元232年）（图1），字子建，沛国谯（今安徽亳州）人。魏武帝曹操之子，魏文帝曹丕之弟，生前曾为陈王。著名文学家，是建安文学的代表人物之一。在文学上，后人将他与曹操、曹丕合称为“三曹”。他一生勤于著述，其诗、赋、散文，无论数量还是质量，都堪称当时之冠。

《洛神赋》作于黄初年间，它以传说中的洛水之神宓妃为题材，刻画了一位美丽多情的女子，表达了作者对她的爱慕以及因神人殊隔、不能交接的惆怅。而文中所描绘的洛神的服饰形象，反映了六朝时期贵族妇女在服饰、妆容上的审美倾向（图2、图3）。

“奇服旷世，骨像应图。披罗衣之璀璨兮，珥瑶碧之华琚。戴金翠之首饰，缀明珠以耀躯。践远游之文履，曳雾绡之轻裾”。

图1　东晋顾恺之《洛神赋图》中的曹植

就是说洛神服饰奇艳绝世，风骨体貌与图上画的一样。她身披明丽的罗衣，带着精美的佩玉。头戴金银翡翠首饰，缀以周身闪亮的明珠。她脚著饰有花纹的远游鞋，拖着薄雾般的裙裾。

可以说，洛神的服饰是集中了贵族的才思与想象，融合了日常生活中贵族女子的装扮。曹植作为贵族阶级的典型代表，他所描绘的女性之美，自然就带有典型性。总起来看，六朝时期的贵族女子不仅有漂亮的衣裾，还有华丽的佩饰，甚至有夸张的发髻和妆容。

首先从衣裙上看，有杂裾垂髾服、对襟衣衫、条纹间色裙、襦、袄、大襟衫等。杂裾垂髾服的特点主要在下摆。通常将下摆裁制成数个三角形，上宽下尖，层层相叠，因形似旗而名之曰“髾”。除此之外，围裳之中还伸出两条或数条飘带，走起路来，随风飘起，如燕子轻舞，煞是迷人，故有“华带飞髾”的美妙形容。其次，就佩饰而言，其质料之华贵，名目之繁多，是前所未有的。金步摇、明月珰、玳瑁钗、香囊、跳脱等，都是深为妇女所喜爱的佩饰。有诗为证：“头安金步摇，耳系明月珰，珠环约素腕，翠爵垂鲜光。”（傅元《有女篇》），“清晨插步摇，向晚解罗衣。”（南朝梁沈满愿《戏萧娘诗》）。步摇是古代妇女插于鬓发之侧以作装饰之物，同时也有固定发髻的作用。是自汉以来，中国妇女中常见的一种发饰。

簪插步摇者多为身份高贵的妇女，因步摇所用材质高贵，制作精美，造型漂亮，故非一般妇女所能使用。

第三，从发饰上看，当时在贵族中间流行着一种蔽髻的发饰。所谓蔽髻，就是一种假髻。妇女在原来的头发上，束上假髻，然后再挽成单环、双环、丫髻、螺髻等式样。不过，在蔽髻上镶有的金翚首饰，却有严格的规定：非命妇不得使用。因为此时期就曾以“钿”（以金银、珠翠制成的鬓花）来区分命妇的身份和地位的高低。如《晋书·舆服制》载：“贵人、夫人、贵嫔，是为三夫人，皆金章紫绶，……太平髻，七钿蔽髻，黑玳瑁，又加簪珥。九嫔及公主、夫人五钿，世妇三钿。”

图 2 《洛神赋图》中的曹植与洛神

图 3 《洛神赋图》中的洛神

诸葛亮智送巾帼

帼，古代妇女覆于发上的饰巾。着巾方式是把巾裹在头上，罩住前额，用来覆住发髻。后以巾帼代称妇女。

另一种说法认为巾帼是一种假髻，是用假发（丝、毛等物）制成的形似发髻的一种饰物。古时候的贵族妇女，常在举行祭祀大典时戴这种头饰，其上还装缀着一些金珠玉翠制成的珍贵首饰。这种巾帼的种类及颜色有多种，如用细长的马尾制作的叫剪氂帼；用黑中透红颜色制作的叫绀缯帼。

不管是头巾说还是假髻说，巾帼肯定是古代女子的专用之物。

三国时期蜀汉丞相，杰出的政治家、军事家、文学家诸葛亮（公元181—公元234年）（图1）曾用“巾帼”作为手段来刺激对手。

图1　诸葛亮画像

《晋书·宣帝纪》里面记载道：“诸葛亮数挑战，帝不出，因遗帝巾帼，女人之饰。”①

说的是：三国时，诸葛亮率蜀军攻魏，由于诸葛亮远道而来，利于急战，司马懿采取了相持战术不与蜀军交战。诸葛亮屡次向司马懿挑战。司马懿一直避而不出。司马懿和诸葛亮两军对峙一百多天，为激司马懿出战，诸葛亮数挑战不成。他深知，这样相持下去，对蜀军极为不利，但发动强攻，魏军深沟高垒，又很难取胜，可是又怎能甘心退兵？于是诸葛亮想出了一个很巧妙的办法派人送给司马懿

① 房玄龄等. 晋书［M］. 北京：中华书局，1974（11）.

图 2　带帼的哺乳女俑（重庆丰都江南东汉墓出土）

一个女子的巾帼，还写了一封信，说司马懿太胆小了，一个大英雄，掌握那么多兵将，竟不敢来应战。如果他领兵出战就是大英雄，如果不敢来战，干脆就用妇女的头巾包上头，再用脂粉化妆，证明他是个一般妇女！刺激对手，嘲讽他胆子太小，无男子汉气概，意在羞辱他，激其迎战。

《晋书·宣帝纪》又记："抑其甲兵，本无斗志，遗其巾帼，方发愤心。"①说司马懿率大军西征，与诸葛亮相对峙，本不想打仗，但因诸葛亮送给他女人的服饰来嘲笑他，这才激起了他的斗志，决心争斗。

因巾帼这类物品是古代妇女的高贵装饰（图 2、图 3、图 4），后人把巾帼作为妇女的尊称，称女中豪杰为巾帼英雄。

图 3　四川成都出土的戴花帼女俑

图 4　山东汉墓画像石中的戴帼妇女

① 房玄龄等. 晋书［M］. 北京：中华书局，1974：21.

美周瑜羽扇纶巾

纶巾，是古代一种配有青丝带的头巾，在东汉末年三国两晋时期非常流行。《说文解字》段注：“纠青丝成绶，是为纶”。“纶巾又叫诸葛巾，相传三国时诸葛亮常戴此巾，故称。”明王圻《三才图会》：“诸葛巾，此名纶巾。诸葛武侯尝服纶巾执羽扇，指挥军事”。[①]许嘉璐主编的《中国古代礼俗辞典》认为纶巾“一般为军师所戴”。[②]

羽扇，也流行于魏晋。司马氏取代曹魏政权前后，政局混乱。世家大族为了明哲保身，逃避现实，整日谈说玄理。这些清谈人士，口锋犀利，无边无际。为给清谈助兴，他们手上常执着一些谈具，如麈尾、如意、羽扇等。

纶巾与羽扇相连，始于诸葛亮。张华《博物志·卷七〇二·巾类》条引《蜀书》云：“诸葛武侯与宣王在渭滨，将战，宣王戎胡莅事，使人视武侯，乘素舆，葛巾毛扇，指挥三军，皆随其进止。”诸葛亮未出茅庐时，也是一位“纵横舌上鼓风雷”的清谈之士。当了蜀军主帅后，仍喜欢手执羽扇指挥三军。裴启《语林》云：“诸葛武侯与宣王（司马懿）在渭滨将战，武侯乘素舆，葛巾，白羽扇，指挥三军。”当时羽扇盛行军中，《晋书·顾荣传》记载顾荣攻打陈敏时，也有“麾以羽扇，其众溃散”之句。所以有研究认为“白羽扇为指挥军事战斗之标志”。[③]

而历史上，佩纶巾、执羽扇是魏晋时代人们的一种习惯装束。除了诸葛亮之外，当时，手里整天拿着扇子的名士也不少。即使亲临战阵，也往往如此装束。如《晋书·谢万传》：谢万“着白纶巾，鹤氅”，以见简文帝；《羊祜传》：“祜在军尝轻

① 郝铭鉴，孙欢. 中华探名典［M］. 上海：上海锦绣文章出版社，2014（7）：510.

② 许嘉璐. 中国古代礼俗辞典［M］. 北京：中国友谊出版公司，1991（6）：39.

③ 张宗子. 花屿小记［M］. 天津：百花文艺出版社，2014（8）：99.

裘缓带，身不披甲。”等等，均是这样的例证。

但首次描绘羽扇纶巾英姿的是苏东坡，其词《念奴娇 · 赤壁怀古》中描写：“遥想公瑾当年，小乔初嫁了，雄姿英发。羽扇纶巾，谈笑间，樯橹灰飞烟灭。”这里羽扇纶巾的形象则指雄姿英发的周瑜。当然，对苏词的理解，历来有两种声音，认为羽扇纶巾是诸葛亮的特有形象。无论如何，羽扇纶巾描绘的是风流倜傥的儒将形象。

图 1　周瑜彩像（清人绘）

周瑜（公元 175—公元 210 年）（图 1），字公瑾，庐江（今安徽合肥）人。东汉末年名将，出身庐江周氏，洛阳令周异之子，自幼读书刻苦，志向远大，能文会武，精通音律，“吴中皆称周郎”。[①]

赤壁大战是汉末三国时期以少胜多、以弱胜强的著名战役，这一战是由周瑜具体指挥的。他多谋善断，心胸宽广，善用人才，抓住战机，发挥自己的长处，攻击敌人的短处。出其不意，攻其不备，火烧战船，大败曹军，在危难之际挽救了东吴，为三分天下奠定了基础，从而扬名天下。于是大文豪苏轼在游览赤壁时填词赞叹。

① 苏文. 中国历代名将图典［M］. 天津：天津杨柳青画社，2017（1）：80.

甄后巧盘灵蛇髻

文昭甄皇后（公元 183—公元 221 年）（图 1），名不详，相传为甄宓，实则无记载，史称甄夫人，中山无极（今河北无极）人。上蔡令甄逸之女，魏文帝曹丕的妻子，魏明帝曹叡的生母。

据传甄氏曾在宫中创造了美妙的灵蛇髻。宋《采兰杂记》记述：“甄后既入魏宫，宫廷有一绿蛇，口中恒吐赤珠，若梧子大，不伤人，人欲害之。则不见矣。每日后梳妆，则盘结一髻形于后前，后异之，因效而为髻，巧夺天工，故后髻每日不同，号为灵蛇髻，宫人拟之，十不得一二也。视蛇之盘形而得到启发，因而仿之为髻。”

图 1　甄后画像

说的就是甄后入宫之后，看见宫廷里有一条不会伤害人的绿蛇，每天甄氏梳妆，绿蛇就盘结窗前，每天一个样式，甄后由此得到灵感，便模仿绿蛇而盘结出了各种不同的发髻式样，称为灵蛇髻。有宫词云：“玉箸双垂湿绣巾，邺中不似故宫春。含情独绾灵蛇髻，珍重陈王赋洛神。”。灵蛇髻是魏晋时期流行的发髻。晋代画家顾恺之《洛神赋图》中的洛神就是梳着灵蛇髻（图 2），图中的洛神头梳灵蛇髻，转身回眸，衣带飘扬，神情婉转。

灵蛇髻变化多样，造型奇巧灵动，因而广受人们喜爱。这种发髻的具体特征似游蛇盘曲扭转，故以灵蛇名之。由于灵蛇髻款式丰富，灵动无常，符合人们追求独特多变的审美喜好，所以流传甚广。从魏晋南北朝，至隋唐、宋元时期，都有各种灵蛇髻的样式。元代画家剧朗的《杜秋娘图》中绘的唐代歌女杜秋娘，其

图 2 《洛神赋图》(局部)

头上梳的就是婉转流动的灵蛇髻。明代徐士俊《十髻谣》赞美灵蛇髻说:“春蛇学书,灵蛇学髻;洛浦凌波,如龙飞去。”,是说:蠢蠢欲动的春蛇,如同人在初学书法。乖巧自如的灵蛇,宛如人在学习盘发。似洛神凌波而来,像蛟龙飞翔而去。[①]

“妇女们梳理灵蛇髻的方法是,先将头发掠至项部,梳成一股或双股,然后拧旋扭转,再盘成各种形状。”[②]可见这灵蛇髻就如龙蛇一样飞舞盘旋,与洛神的仙姿相符合。它从生活中攫取灵感,不拘一格,又打破常规,将夸张的造型应用在同常的发式当中。

① 李振林,马凯. 中国古代女子全书 [M] . 兰州:甘肃文化出版社,2003 (1) :252~254.

② 许星,廖军. 中国设计全集第8卷 [M] . 北京:商务印书馆,2012 (10) :50.

莫琼树发明蝉鬓

鬓式是打扮头发的重要手段。

莫琼树（图 1），生平不详，魏文帝曹丕宠妃。不但生得美丽还有一双巧手，总能弄出非常好看的发型。创造了一种很有传奇色彩的鬓式叫蝉鬓。其形是将鬓角处的头发，梳成薄而翘起的形状，向外梳掠得极其扩张，形成薄薄一层，同蝉翼相仿佛。

图 1　莫琼树（明刻历代百美图）

晋崔豹《古今注·杂注》记述："魏文帝宫人绝所宠者，有莫琼树、薛夜来、田尚衣、段巧笑，日夕在侧，琼树乃制蝉鬓。缥緲如蝉翼，故曰蝉鬓。"这种鬓式盛行于魏晋南北朝时期，唐代、宋代沿用不衰。

图 2　《簪花仕女图》（局部）（唐周昉）

盛唐时倭堕髻流行，蝉鬓也随运而行。把头发全梳至顶上再做各种扎结的发髻，都可配半遮耳背的蝉鬓，松松垮垮却大大方方，薄而透明的蝉鬓与厚而高实的发式结合、对比，使妇女的发型富于变化且别致。《簪花仕女图》中的女子均着高髻，饰蝉鬓（图 2）。

对此，诗人们多有吟诵。如南朝梁元帝《登颜园故阁》诗："妆成理蝉鬓，笑罢敛蛾眉。"；唐卢照邻诗《长安古意》："片片行云著蝉鬓。"；白居易

《井底引银瓶》诗："婵娟两鬓秋蝉翼，宛转双蛾远山色。"等，都用来赞美女主人公的美貌。

梳理蝉鬓，不仅需要一定的技巧，还需要借助梳妆用品。"以膏沐掠鬓，使其色黑光润，并将鬓发整理成薄如蝉翼之状，故亦称蝉翼鬓。"[1]

① 何忠礼，徐吉军等. 南宋全史：思想、文化、科技和社会生活卷下（8）［M］. 上海：上海古籍出版社，2016（11）：268.

竹林七贤粗服乱头

竹林七贤是指魏末晋初的七位名士，指阮籍、嵇康、山涛、刘伶、阮咸、向秀、王戎七人。他们在生活上不拘礼法，清静无为，聚众在竹林喝酒，纵歌。竹林七贤一词最早出现在《世说新语·任诞》篇，文中说阮籍、嵇康等“七人常集于竹林之下，肆意酣畅，故世谓‘竹林七贤’”（图1）。

图1　《竹林七贤与荣启期》，（南朝大墓砖画，南京博物院藏品由上至下，左至右分别为春秋隐士荣启期、阮咸、刘伶、向秀、嵇康、阮籍、山涛、王戎）

阮籍（公元210—公元263年），字嗣宗，陈留尉氏（今河南开封）人，三国时期魏国诗人。嵇康（公元224—公元263年，一作公元223—公元262年）（图

图 2　《竹林七贤砖画》中嵇康砖画像（南京西善桥南朝墓出土）

2），字叔夜，谯国铚县（今安徽濉溪）人，三国时期曹魏思想家、音乐家、文学家。嵇康自幼聪颖，博览群书，广习诸艺，又喜爱老庄学说，身长七尺八寸，容止出众，是竹林七贤的精神领袖，开创了玄学新风。

山涛（公元205—公元283年），字巨源，河内郡怀县（今河南武陟西）人，三国至西晋时期名士、政治家。山涛早年孤贫，喜好老庄学说。

刘伶（约公元221—约公元300年），字伯伦，沛国（今安徽淮北）人，魏晋时期名士。刘伶嗜酒不羁，被称为“醉侯”，好老庄之学，追求自由逍遥。

阮咸（生卒年不详），字仲容，陈留尉氏（今河南开封）人，魏晋时期名士，文学家，阮籍之侄，与阮籍并称为“大小阮”。

向秀（约公元227—公元272年），字子期，河内怀县（今河南武陟）人，魏晋时期的文学家。

王戎（公元234—公元305年）（图3），字濬冲，今山东临沂人，三国至西晋时期名士、官员。出身琅玡王氏，长于清谈，以精辟的品评与识鉴著称。

图 3　《高逸图》（局部）中王戎画像（唐孙位绘，上海博物馆藏品）

他们率性而为、冷眼世事。逃避现实、借酒消愁，寄情于老庄，以放达不羁的行为来表达内心的愤懑，以深远缥缈不谙世事的言语来逃避可能的杀身之祸。表现在装束上则是袒胸露臂，披发跣足，以示不拘礼法。

嵇康于众目睽睽之下坦然裸态装身。刘伶解衣而饮，以屋室为衣裤与客人抗辩。阮籍叔侄的放浪行径成为街谈巷议的话题："世人闻叔鸾与阮嗣宗，傲俗自放，或乱项科头，或裸袒蹲夷，或濯足于稠众"。

"竹林七贤"的粗服乱头风貌也引起了上流社会文人士大夫的追踪模仿。"阮仲容见邻院晾晒绫罗绸缎阔衣大袖，自己穷无以晾，便以竹竿将大裤头高悬院中以互相映衬；边文礼可以随意地颠倒衣裳去见新到的官员；谢遏竟能光着脚板不穿外衣来迎接权高位尊的宰相；王羲之袒腹露脐躺在门口东床迎接选婿者的到来，而又恰恰因此中选……"①

魏晋时期礼法观念的淡漠，使人们在服饰上获得了较大的自由，使服饰的款式层出不穷。粗服乱头、宽衣博带的浪漫超脱境界是魏晋服饰风度的主流，在士人的衣着和生活方式中留下了深刻的印痕，曲折地反映了他们对现实社会的不满与反抗。

竹林七贤等人的服饰行为是一种自觉的追求，一种明确的美学憧憬，一种有文化背景与依托的服饰反叛运动。②

① 张志春. 中国服饰文化第3版［M］. 北京：中国纺织出版社，2017（4）：231.

② 张志春. 中国服饰文化第3版［M］. 北京：中国纺织出版社，2017（4）：230.

谢灵运发明活齿屐

木屐的历史十分悠久。1987年，浙江宁波慈城镇出土的木拖鞋，是当今中国乃至世界上的第一古屐，也是中国乃至世界最早的鞋类实物。

木屐虽在原始社会就已经出现，但其发展和流行却在魏晋南北朝时期。

魏晋时期，穿木屐十分普遍，上至天子，下至庶民，莫不穿屐，但不用于正式场合，多为家居的便装和登山游玩的鞋具。《世说新语·忿捐》中记载晋人王述性情急躁，用餐时以筷子戳刺鸡蛋，刺之未破，便大怒掷地，鸡蛋圆转不止，王述便"下地，以屐齿碾之"。名士阮孚素好木屐，曾对人修屐，喟叹一生不知要穿坏几双。《晋书·谢安传》中也有这方面记载，说的是淝水之战期间，东晋宰相谢安，亲任征讨大都督，指挥战事，令其侄谢玄率兵迎敌，自己却在住所与人下棋。突有前方驿书送至，报告其侄获胜消息，谢安不为所动，依然与棋友对弈，表现出持重沉稳的大将风度。直到棋局结束，返身回房，再也按捺不住激动之情，过门槛时竟忘了抬脚，以至将屐齿折断。这是成语屐齿之折的来历。

图1　《人物故事图 · 庐山观莲》(局部)中谢灵运坐像(清上官周绘，中国美术馆藏品)

南朝谢灵运(公元385—公元433年)(图1)，原名公义，字灵运，以字行于世，小名客儿，世称谢客，陈郡阳夏县(今河南太康)人，生于会稽郡始宁县(今浙江绍兴)，出身于陈郡(今河南太康)

谢氏。南北朝时期诗人、佛学家、旅行家。

喜游名山大川，穿带齿木鞋。为了上下山方便，他把鞋齿作些改进，将死齿改为活齿。上山时去掉前齿，下山时去掉后齿，可以省却许多力气，身体也更容易保持平衡。而他发明的活齿屐，也被称为谢公屐。《晋书·谢灵运传》："谢灵运好登山，常着木屐，上则去前齿，下则去后齿"。

《宋书·谢灵运传》记载谢灵运"寻山陟岭，必造幽峻，岩嶂千重，莫不备尽。登蹑常着木履（屐），上山则去前齿，下山去其后齿"。后遂用"谢公屐、谢屐、灵运屐、寻山屐、登山屐、游屐"等写人登山或玩水。①

诗人李白在《梦游天姥吟留别》一诗中写道："脚着谢公屐，身登青云梯。"。

① 于石，王光汉，徐志成. 常用典故辞典［M］. 上海：上海辞书出版社，2013（8）：382.

陶侃母截发留宾

图 1　陶侃画像

陶侃（公元 259—公元 334 年）（图 1），是东晋初期的一个名将。他出身贫寒，少年时因父早亡，家境贫寒。

陶湛氏（公元 243—公元 318 年），是陶侃的母亲，性格坚强、独立，有仁爱之心。她曾立志要使儿子出人头地，故对陶侃管教很严。她是中国古代名动天下的一位贤母，与孟母、欧母、岳母齐名，是中国历史上著名的“四大贤母”之一。

南朝刘义庆《世说新语 · 贤媛》中讲了这样一个故事，世称截发留宾（图 2）：

图 2　截发留宾雕像

“陶公少有大志，家酷贫，与母湛氏同居。同郡范逵素知名，举孝廉，投侃宿。于时冰雪积日，侃室如悬磬，而逵马仆甚多。侃母语侃曰：‘汝但出外留客，吾自为计。’湛头发委地，下为二髲（pí）。买得数斛米，斫（zhuó）诸屋柱，悉割半为薪，剉（cuò）诸荐以为马草。日夕，遂设精食，从者无所乏……”

意思是说陶侃（陶渊明的曾祖父）年少时就有大志，家境却非常贫寒，和母亲湛氏住在一起。同郡人范逵一向很有名望，被举荐为孝廉，有一次到陶侃家找地方住宿。当时，冰雪满地已经好多天了，陶侃家一无所有。可是范逵车马仆从很多。陶侃的母亲湛氏对他说：“你只管到外面留下客人，我来想办法。”湛氏的头发很长，拖到地上，她剪下来做成两条假发，换到几担米。又把每根柱子都削下一半做柴来烧，把草垫子刷了做草料喂马。到傍晚，便摆上了精美的饮食，连随从们也不欠缺……

对一个问题，曾不得其解：为什么陶母用剪下来的头发做成的两条假发，竟然可以换到几担米？查阅有关资料发现，原来中国很早就出现假发，早期是上层社会女性的饰物，用来加在原有的头发上，令头发更浓密、做出较为复杂的发髻。

《周礼》中把假发细分为多种，“副”取义于“覆”，是一种有饰假发；“编”则属于一种无饰假发；“次”是一种用假发与自己真发合编起来的髻。后来这些名称都被“髲（bì）”和“鬄（tì）”所替代了，“髲”指用人发制成的假发，“鬄”则泛指假发。西周的王后、君夫人等上层社会贵族妇女，在参加祭祀等重大活动时，都要佩戴副、编、次等首饰。王后的假髻更有专门的宫廷官员“追师”负责掌理。

春秋时假发盛行，《左传 · 哀公十七年》记载卫庄公在城墙上看到戎州人己氏的妻子头发甚美，就命人把她的头发强行剃掉，制成假发给自己的夫人吕姜作为装饰，称为“吕姜髢（dí）”。当时男性也会戴假发，《庄子 · 天地》提到有虞氏（舜）用假发遮盖秃头。虽然《庄子》关于舜的内容属传说，但可见当时男子也会使用假发。

汉朝依据《周礼》制定了发型与发饰。比如皇太后仍以假髻来承载多种沉重而复杂的头饰，后来演变成沉重的凤冠。宫中对假发的需求大，为了找人发做假发，有些官吏甚至强行砍下人头取发。《太平御览》引《林邑记》提到朱崖（也作珠崖，今海南岛）人多长发，当地郡守贪婪残暴，把妇女的头割下来取她们的头发制造假发，《三国志·吴书·薛综传》也有记载薛综提及汉朝发生的这件事。可见假发在当时被视为珍宝。由于真发所制的假发得来不易，当时开始出现以黑色丝线制成的假发，湖南长沙马王堆一号汉墓就有实物出土。

魏晋南北朝盛行高髻，假发的使用非常普遍。曹魏时规定为命妇的首饰，《文献通考》记载其中一种假髻称为大手髻，是贵人、夫人以下命妇的首饰。晋朝时，假发、假髻在宫廷、贵族和民间都很流行。由于人们睡觉时会把假发、假髻取下放在木或竹制造的笼子上，看起来像人头，因此又称假头。《晋书·舆服志》记载当时各级命妇戴一种镶有金饰、叫“蔽髻”的假髻。太元年间，公主、贵族、士大夫阶层的妇女均把佩戴假发当作盛妆，时称“缓鬓轻（假）髻”，也就是松髻，成为流行时尚。北魏司马金龙墓出土的漆画屏风所绘的女性发髻形象，可作参考（图 3）。

图 3　北魏妇女发髻形象（大同北魏司马金龙墓出土）

然而，假发并非人人买得起，《晋书》就记载有些贫穷但爱美的女子会向别人借假髻佩戴，称为“借头”，自称“无头”。也有些穷人把自己的头发卖掉来换钱或换粮食，上述陶侃的母亲剪下自己的头发卖给做假发的人，换得数斛米，再把柱子砍了做柴火，给来投宿的范逵做饭的举动后世引为美谈。

梅葛先人染蓝布

蓝印花布是一种历史悠久的传统手工印染制品。蓝印花布的“蓝”，是从蓝草中提取的。春秋战国时期的大思想家荀子观察蓝草染色的过程，有名言“青，取之于蓝，而青于蓝”，流传至今。

手工蓝印花布制作历史源远流长，始于汉朝，发展在宋代，而真正形成自己的生产工艺和独特风格是在明清时期。在宋元蓝印花布称为“药斑布”，在明清又称作“浇花布”。

蓝印花布蓝白相间，颜色清丽古朴，纹样图案来自民间，反映了百姓喜闻乐见的题材。其中不乏中民间故事、戏剧人物以及由动植物和花鸟组合的吉祥纹样，抒发了民间人们对美好生活的憧憬。如“龙凤呈祥”“五福捧寿”“百凤朝阳”“凤戏牡丹”“金玉满堂”“麒麟送子”“鲤鱼跳龙门”等。

关于蓝印花布的来历，各地有不同的传说。大多与梅福、葛洪两位先人有关。

梅福，生于西汉末，是一名儒生。他见王莽篡权，便别妻离子，隐居舟山，种植蓝草。而东晋的道学家葛洪则擅长炼丹，创造了用蓝草沤靛的染青法。这就是蓝印花布的由来。

在浙江桐乡，传说蓝印花布的祖师爷是东晋葛洪。

葛洪（公元 284—公元 364 年），为东晋道教学者、著名炼丹家、医药学家（图 1）。浙江宁波灵峰寺有一座葛仙殿，葛仙殿供奉的是葛洪的塑像。东晋咸和二年（公元 327 年），葛洪来到这里炼丹。在他隐居灵峰山的时候，瘟疫流行，葛洪广采草药，制药布施，众多百姓起死回生。每年阴历正月初一到初十是灵峰寺香火最旺的日子，因为传说中初十是葛仙翁的生日，人们纷纷到这里纪念这位悬壶济世的仙人。

作为一位广采草药的医者，葛洪总想给爱妻的白头巾弄点花样，就用蓝草、石灰染出了一块蓝花头巾。

图 1　葛洪画像（浙江图书馆数字资源）

而在江苏南通一带的传说里，还多了梅福。

传说有一个姓梅的小伙子不小心摔了一跤，摔在了泥地里，衣服变成了黄颜色，怎么洗也洗不掉，但人们看到后却很喜欢，然后他就把这件事告诉他一个姓葛的好朋友。后来他俩就专门从事把布染成黄色，又有一个很偶然的机会，“他们将白布染黄，挂在树枝上，晚上却忘收了，当夜风雨交加，布匹被吹落在草地上，等他们发觉后，黄布成了花布，布上青一块蓝一块，他们觉得奥妙准是在青草上。于是他们两人拔了大堆青草，捣烂了，放在水坑中，再放入白布。嘿！白布一下子变成了蓝色。此后，人们又穿上了蓝衣服，还把这种染衣服的草叫‘蓼蓝草’。梅、葛二人也成了专门从事染布业的人的先师。”①于是，百业之中，出现了一种以染蓝布为主的染坊业，梅、葛两位小伙子自然就被后世尊为染布业的祖师爷。每年农历九月九日，后世都要祭祀梅、葛两位先人。

明清以来蓝印花布已成为风靡全国的染织手工艺品（图 2）。中国蓝印花布布衣天下，主要产地分别在江苏的南通、苏州、徐州，浙江的嘉兴、萧山、桐乡，湖南的常德、凤凰，湖北的武汉、天门，山东的临沂、潍坊，还有河南、河北、四川、山西、陕西以及东北各省等，并形成了各自的艺术风格。

浙江桐乡是蓝印花布的主要流传区域，清末民初时就开办了印染作坊数十家。如今，桐乡蓝印花布的代表性传承基地是百年老字号“丰同裕”染坊。在传承传统的基础上不断推陈出新，开发出 40 多个系列、500 多种创意的衍生品。“丰同裕”已然成为全国最大的蓝印花布生产性保护基地。“2005 年，‘桐乡蓝印花布’被浙江省人民政府认定为非物质文化遗产，2014 年‘桐乡蓝印花布印染技艺’

① 吴灵姝，倪沈键，吴元新. 南通蓝印花布［M］. 北京：文化艺术出版社，2017（9）：121.

图 2　清明上河图蓝印花布（中国网，浙江双语新闻，浙江故事：桐乡蓝印花布）

被录入第四批国家级非遗代表性项目备录。”。[①]

蓝印花布以其朴拙典雅的古典韵味，在我国的民间艺术中自有其独特的文化魅力。

① 梅新林，陈玉兰，刘文. 江南服饰史［M］. 上海：上海古籍出版社，2017（5）：137.

陶渊明葛巾滤酒

葛是一种多年生的草本植物，开紫红色花，其纤维可织葛布。早在新石器时代，人类就开始用葛作纺织原料。在江苏省吴县操鞋山遗址（稍晚于河姆渡时期）出土了当时编织的双股经线罗地葛布。这种葛布的经线密度为每平方厘米 10 根，纬线密度为每平方厘米 13 ~ 14 根，它是目前中国发现的最早的葛纺织品。

先秦时期，葛可以经过精细的加工，充分利用其茎皮的纤维制作织物。而且，宫廷中设有专门“掌葛”之官。《周礼·掌葛》记载：“掌葛掌以时征絺绤之材于山农。凡葛征，征草贡之材于泽农，以当邦赋之政令，以权度受之”。《周书》记载：“葛，小人得其叶以为羹，君子得其材以为絺绤，以为君子朝廷夏服。”“絺绤”即细葛布与粗葛布。

《诗经》中有许多描写葛的篇章：

“葛生蒙楚，蔹蔓于野”《唐风·葛生》。

“葛之覃兮，施于中谷，维叶萋萋。黄鸟于飞，集于灌木，其鸣喈喈。葛之覃兮，施于中谷，维叶莫莫。是刈是濩，为絺为绤，服之无斁。”《周南·葛覃》

“纠纠葛履，可以履霜。掺掺女手，可以缝裳。”《魏风·葛履》。

“彼采葛兮，一日不见，如三月兮”。《王风·采葛》。

葛纤维制成的织物叫葛布，葛布质地细薄，疏薄轻凉，适合在夏天穿用，俗称“夏布”。除作衣料，魏晋以来多用制巾。

陶渊明（公元 352 或 365—公元 427 年），名潜，字渊明，又字元亮，自号五柳先生，田园诗派创始人，文学史第一个大量写饮酒诗的诗人。

陶渊明一生爱酒，有一次，郡将（官职名）拜访陶潜，正赶上他酿的酒熟了，陶潜就取下头上的葛巾滤酒，滤完后，又把葛巾戴上。这就是著名的“葛巾漉酒”的故事（图 1），可以看出其真率超脱的性格。典故源自“南朝梁萧统的《陶渊明传》：陶渊明嗜酒，‘郡将尝候之，值其酿熟，取头上葛巾漉（过滤）酒，漉毕，还复著之’。《宋书 · 陶潜传》《南史 · 陶潜传》皆载此事。”①

李白有诗《戏赠郑溧阳》曰：“陶令日日醉，不知五柳春。素琴本元弦，漉酒用葛巾。”

图 1 《陶渊明漉酒图》（明丁云鹏）

① 于石，王光汉，徐志成. 常用典故辞典[M]. 上海：上海辞书出版社，2013（8）：361.

王恭潇洒美鹤氅

魏晋南北朝时期的士大夫注重自我个性的追求，衣身通常做得非常宽大，两袖也异常宽博。或者有时干脆不用衣袖，制如无袖披肩斗篷，穿在身上有飘曳之感，人们将其称为氅衣。晋代的氅衣多用鹤羽制成。氅衣所用的鸟羽，一般多为白色，尤以鹤羽为多，因此也称鹤氅，或鹤氅裘。

图 1　王恭像

据说最初穿着这种服装的是晋代名士王恭。

王恭（?—公元 398 年）（图 1），字孝伯，小字阿宁，太原晋阳（今山西太原）人。东晋大臣，孝武帝时宰相。王恭出身豪门，其家族太原王氏是东晋赫赫世家。“光禄大夫王蕴之子，定皇后之兄。”[①] 王恭的姑姑，为晋哀帝司马丕的皇后；其妹为孝武帝司马曜的皇后。

王恭又是美男子。《晋书·王恭传》：“恭美姿仪，人多爱悦，或目之云：‘濯濯如春月柳。’”。《世说新语·容止》篇有人叹王恭形茂者，云：“濯濯如春月柳”。

他喜欢在下雪天穿鹤氅。《世说新语》载：“孟昶未达时，家在京口。尝见王恭乘高舆，被鹤氅裘喜。于时微雪，昶于篱间窥之，叹曰：‘此真神仙中人！’”。[②] 意思是：孟昶还没有显贵时，家住京口。有一次看见王恭坐着高车，穿着鹤氅裘。当时下着零星小雪，孟昶在竹篱后偷着看他，赞叹说：“这真是神仙中人！”。

① [唐]房玄龄等．白话精华二十四史·晋书［M］．北京：现代教育出版社，2011（5）：88.

② [南朝宋]刘义庆．世说新语［M］．北京：北京时代华文书局，2014（5）：204.

后来鹤氅便非常流行，王恭氅也便成为一个典故，借指一个人脱俗的衣着和高雅的气度。后来还有很多人写诗赞叹王恭的风采，多以王恭氅入诗，指代男子之美。北周庾信《咏画屏风》诗："龙媒逐细草，鹤氅映垂杨。"；唐李商隐有"诸生个个王恭柳，从事人人庾杲莲。"，在另一首《忆雪》中也有"映书孤志业，披氅阻神仙之。"之句，说的都是这种服装。唐朝的王初写过"已似王恭披鹤氅，凭栏仍是玉栏杆。"之句，李白也写过"貂裘非季子，鹙氅似王恭。"等句子。宋朝有苏东坡的"倒披王恭氅，半掩袁安户。"，甚至到了清朝还有人写"王恭鹤氅晏婴裘，紫凤天吴不记秋。"的诗。

鹤氅也就成了文儒雅士所醉心的服饰，在中国历史上流行了很长时期。穿鹤氅的人物形象在古代绘画作品中也有反映，如唐代画家阎立本所绘的陈文帝，身上就披着这种服装（图2）。

后来穿这种服装的人越来越多，鹤羽供不应求，也有用其他鸟羽代替的。如《宋史·仪卫志》称："氅，本缉鸟毛为之，唐有六色、孔雀、大小鹅毛、鸡毛之制。"到了明清时期，干脆不用，而以布帛代之，实际上就是一件披风（图3），但习惯上仍称其为鹤氅。

图2　历代帝皇图（局部）中陈文帝像（唐阎立本绘）

图3　玫瑰紫色缎平金绣雉鸡牡丹纹钉广片二变斗篷（北京故宫博物院藏品）

孝文帝易服改制

拓跋宏（公元467—公元499年）（图1），汉名元宏，即北魏孝文帝。中国历史上杰出的少数民族政治家、改革家，是献文帝拓跋弘的长子。

图1　孝文帝雕像

北魏是一个由鲜卑族建立的少数民族政权，鲜卑的风俗比起汉人来还比较落后。公元471年，拓跋宏即位，是为孝文帝。他进行的一系列改革，对北魏社会政治生活乃至整个历史进程都产生了深远的影响。促进了鲜卑族汉化，促进了民族大融合和社会发展使得历史得到了飞跃性的发展，影响至今。

北魏的孝文帝是一位史上少见很是开明的皇帝，他虽是鲜卑族的人，却一直学习汉族文化推崇汉文化。在他在登基后，便开始大胆地施行一系列汉文化的政策，极快地提升了鲜卑族的文化水平，推动了鲜卑族和中原汉族的融合过程。

孝文帝推行汉化最重要的措施是迁都洛阳。为了便于学习和接受汉族先进文化，进一步加强对黄河流域的统治，孝文帝决心把国都从平城（今山西大同）迁到中原地区。公元493年，北魏孝文帝拓跋宏带领30万大军以南征萧齐为由迁都，一路之上虽携大军但所过之处秋毫无犯。九月，到达洛阳，大臣们虽然反对，但也并无办法，只得听从。

迁都洛阳后，魏孝文帝推行汉化政策，改鲜卑姓为汉姓，自己也改姓元。他说："北方人谓土为拓，后为跋，魏之祖先出于黄帝，黄帝以土德为王，故称拓跋，土者黄中之色，万物之元，宜改姓氏为元，是为国姓。”①

太和十八年（公元 494 年）十二月二日，孝文帝下诏禁止士民穿胡服，规定鲜卑人和北方其他少数民族人民一律改穿汉人服装，朝廷百官改着汉族官吏朝服。率“群臣皆服汉魏衣冠”，尤其是祭祀与朝会之服，几乎完全采用汉魏制度。“传统的冠冕服制被保存了下来，并一直延续到明代，始终是祭祀典礼及重大朝会时的专用服饰。”②

北朝时期的服饰在北魏孝文帝改革之后，一改骑马民族服装样式。其时，鲜卑人的习俗是编发左衽，男子穿袴褶，女子衣夹领小袖，逐渐被各种典雅宽松的汉族衣冠代替。这次改革旧俗，史称“孝文改制”，使秦汉以来冠服旧制得以传承，推动了中华服饰文化的发展。

这一改变表现在北朝时期的石窟、壁画、陶俑等艺术作品中。北魏各种图像材料中，最能体现这一变革就是龙门宾阳中洞的帝后礼佛图，该窟前壁南北两侧，由北魏宣武帝授意兴建，内容为孝文帝及文昭皇后礼佛图。图中孝文帝头戴冕旒，身穿衮服，在诸王、中官及手持伞盖、羽葆、长剑、香盒的近侍宫女和御林军的前导和簇拥下，缓缓行进（图 2），而文昭皇后则头戴莲花宝冠，着对襟大袖袿衣，褶裥裙，雍容华贵，礼佛图上的其他人物，也全都穿着宽松飘逸的汉族服饰，长袖垂地，鞋履笏头高耸，这一表现鲜卑皇室贵族的盛大场面，实际上与汉族帝王的排场毫无差别（图 3）。现今这两幅分别藏于美国纽约大都会博物馆和堪萨斯市的纳尔逊艺术博物馆。

图 2　孝文帝出行图（出自洛阳龙门石窟，图中所有人都是峨冠博带，宽衣大袖，反映了孝文帝汉化改革以后北魏的衣冠制度）

孝文帝服饰改革有着多方面原因：“第一，出于巩固拓跋鲜卑政权的需要，这是最主要、最直接的客观原因；第二，孝文帝自身的个性

① （台湾）陈致平. 中华通史（第3册）两晋南北朝史［M］. 广州：花城出版社，2003(8)：226.

② 张云燕. 中国社会生活史［M］. 哈尔滨：黑龙江大学出版社，2014（7）：48.

品质和对汉文化的了解是服饰改革的主观原因；第三，民族大融合趋势的出现为改革创造了有利条件。”[①]

图 3 文昭皇后礼佛图

① 竺小恩. 中国服饰变革史论［M］. 北京：中国戏剧出版社，2008（7）：30~31.

张率《绣赋》赞绣艺

刺绣，在中国是一个历史悠久的传统工艺。《尚书·益稷》篇说“宗彝、藻火、粉米、黼黻、稀绣，以五彩彰施于五色，作服”，意思是在衣服上绣出各种颜色的花样，这说明在舜和禹的时代就已经有刺绣的工艺了。《周礼 · 考工记》记载：“画缋之事，杂五色……青与赤谓之文，赤与白谓之章，白与黑谓之黼，黑与青谓之黻，五彩备谓之绣。”这里的要点是，绘画和刺绣都需要用丰富的色彩来表达，把五色图案用丝线显示在衣服上的技术就是刺绣。

秦汉时期，刺绣工艺已相当发达。特别是皇室，他们的宫室以丝织藻绣装饰，“木土衣绮绣，狗马被缋（毛织品）”，东汉班固在《西都赋》中如此描述：“屋不呈材，墙不露形，褎以藻绣，络以纶连。”其奢侈程度可见一斑。齐郡临淄（今山东省临淄市）为汉王室设官服三所，织工数千人，每年耗资万万，王充在《论衡·程材篇》中说：“齐郡世刺绣，恒女无不能。”可见在秦汉时期，刺绣已是一种普遍的生产活动了。文学作品中对于刺绣的描写也随之渐多。

图 1　张率像

南北朝时期辞赋家张率在《绣赋》中就描述了当时精湛的刺绣工艺。“这是用文学形式专门赞美刺绣的第一篇作品。”①

张率（公元 475—公元 527 年）（图 1），南朝梁吴郡吴人，字士简，吴郡吴县（今江苏苏州）人。才思敏捷，文笔超群，梁武帝萧衍有《赐张率诗》赞曰：“东南有才子。故能服官政。余虽惭古昔。得人今为盛。”

张率曾专门创作了一首《绣赋》来抒发对于刺

① 王欣编. 中国古代刺绣[M]. 北京：中国商业出版社，2015（1）：36.

绣艺术的欣赏，叙述了刺绣的优秀传统和高超的技艺，准确地给出了刺绣在当时所达到的艺术境界：

> “寻造物之妙巧，固饬化於百工。嗟莫先于黼绣，自帝虞而观风。杂藻火於粉米，郁山龙与华虫。若夫观其缔缀，与其依放。龟龙为文，神仙成象。总五色而极思，藉罗纨而发想。具万物之有状，尽众化之为形。既绵华而稠彩，亦密照而疏明。若春隰之扬花，似秋汉之含星。已间红而约紫，又表玄而裹素。间绿竹与蘅杜，杂青松与芳树。若乃邯郸之女，宛洛少年。顾影自媚，窥镜自怜。极车马之光饬，尽衣裳之妖妍。既徙倚于丹墀，亦徘徊于青阁，不息未而反本，吾谓遂离乎浇薄。”

赋的开篇就开门见山地指出“寻造物之巧妙，固饰化于百工，嗟莫先于黼绣”这世间万物再怎样精美绝伦，也比不上刺绣一针一线勾勒出的美妙。接着叙述了刺绣的历史与最早十二章图案，即“自帝虞而观风，杂藻火与粉米，郁山龙与华虫”。即说从皇帝衮服十二章中的“藻”“火”“粉米”“山”“龙”“华虫（锦鸡）”，写到“万物”之形状，均在绣中有所体现。

作者在记述当时刺绣的制作过程时说：“若夫观其缔缀，与其依放，龟龙为文，神仙成象。总五色而极思，借罗纨而发想。”，对实用装饰刺绣品，热情歌颂。

张率以其独具感情色彩的艺术语言，极力赞美绣艺的高超和所表现的现实内容：“具万物之有状，尽众化之为形，既锦华而稠彩，亦密照而疏明，若春隰（xí）之扬花，似秋汉之含星。已间红而约紫，又表玄而裹素。间绿竹与蘅杜，杂青松与芳权。”，对当时新崛起的刺绣观赏品也推崇备至。而那些服用这些丝绣的“邯郸之女，宛洛少年”，“顾影自媚，窥镜自怜，极车马之光饰，尽衣裳之妩妍”是作者讽刺的对象，把同情和礼赞，献给从事刺绣的民间艺人们，同时烘托绣艺的精美。

《绣赋》用拟人化的描写，衬出绣作的灵动、天成，用辞赋特有的律动言绣之技，绣之情，绣之美，莫不倾尽笔墨文思，极尽溢美之词。可谓从一个侧面，艺术地记录了当时刺绣的高度成就和影响。

图 2　古代刺绣图（张瑄《倦绣图》表现了唐代宫女刺绣的情景）

唐宋时期刺绣已发展相当高的水平，盛世唐朝也多有诗文反映刺绣情况。如李白在《宫中行乐词》中描写“山花插宝髻，石竹绣罗衣。”，又在《赠裴司马》中云“翡翠黄金缕，绣成歌舞衣。”，说明其时人们对于舞衣加绣以增强艺术效果的赞赏。胡令能在《咏绣障》中也曾如此赞叹刺绣技艺的传神：“日暮堂前花蕊娇，争拈小笔上床描。绣成安向春园里，引得黄莺下柳条。”晚唐诗人罗隐在诗作《绣》中，对刺绣也有细致的描写：“一片丝罗轻似水，洞房西室女工劳。花随玉指添春色，鸟逐金针长羽毛。蜀锦谩夸声自责，越绫虚说价犹高。可中用作鸳鸯被，红叶枝枝不碍刀。”可见绣作不仅成为装点生活的日用品，还是巧夺天工的艺术品。

刺绣是一种原发性的艺术，是人们为了自己生活的美好而创造出来的。刺绣质朴纯真，表现出刺绣艺人内在的深情。刺绣在中华民族五千年的文明史上，是一项闪耀着人类智慧之光的发明创造，获得了全世界的赞美。它不仅充实和丰富了人们的物质生活，同时也是一种高层次的精神享受（图 2、图 3、图 4）。

图 3　唐刺绣方格花卉（中国丝绸博物馆藏品）

图 4　清光绪 黄色绸绣花卉牡丹蝶纹手帕（北京故宫博物院藏品）

寿阳公主梅花妆

梅花妆又称落梅妆，是古代妇女的妆饰，指女子在额上贴一梅花形的花子妆饰。

传说南朝宋武帝的女儿寿阳公主，正月初七日仰卧于含章殿下，结果居然有一朵梅花落下，恰好不偏不倚正落在公主额上。待公主醒来，却发现这朵落花居然贴在了自己的额头，且久洗不掉，直到三天之后才被洗掉。奇迹轰动了整个皇宫，妃嫔宫女们都觉得眉心有梅花影迹的公主实在美丽，于是纷纷用绢罗剪成小花片贴在各自的额头，由此形成了梅花妆。

这种妆容从南北朝时期开始盛行。典源《太平御览·九七〇卷》引《宋书》："〔宋〕武帝女寿阳公主人日卧于含章（殿）檐下，梅花落公主额上，成五出之花，拂之不去。皇后留之，自后有梅花妆，后人多效之。"今之《宋书》无此记载。又见载于唐韩鄂《岁华纪丽·人日梅花妆》。①

这种装扮传到民间，成为民间女子、官宦小姐及歌伎舞女们争相效仿的时尚妆容，一直到唐五代都非常流行。五代前蜀诗人牛峤《红蔷薇》："若缀寿阳公主额，六宫争肯学梅妆。"。

台北故宫博物院藏有一幅《梅花仕女图》（图1），这幅画巧妙地采用了"梅花妆故事"：在傲寒的梅枝下，一位年轻女子亭亭独立，一手持镜照向自己的面容，另一手的食指点向她额间的一朵五瓣梅花的花影。

"梅花妆"后来在颜色、形状、材料等元素上均有所发展。

① 于石，王光汉，徐成志. 常用典故词典辞海版［M］. 上海：上海辞书出版社，2007（8）：334.

图 1《梅花仕女图》(台北故宫博物院藏品)

《梅花仕女图》局部

叁

太平公主着男装

太平公主（约公元665—公元713年）为唐高宗李治与武则天的小女儿，唐中宗李显和唐睿宗李旦的妹妹，生平极受父母兄长尤其是其母武则天的宠爱，权倾一时。

唐高宗和武则天的爱女太平公主曾在一次家宴上，一身男性装束，身穿紫衫，腰围玉带，头戴皂罗折上巾，身上佩戴着边官和五品以上武官的七件饰物，有纷（拭器之巾）、砺石（磨石）、佩刀、刀子、火石等。她以赳赳男子的仪态歌舞到高宗面前，高宗、武后笑着对她说："女子不能做武官，你为什么作这样的打扮？"太平公主的男装，一是她的性格像男人，喜着男服；另是干预政治，不愿脂粉气太重，以男装着装可具其威仪，助其施展政治才能。可惜，先天二年（公元713年）她因涉嫌谋反，被唐玄宗发兵擒获，赐死于家中。

唐朝前期是妇女着男装的盛行时代。据《旧唐书·舆服志》记载，唐玄宗时宫中妇人，"或有着丈夫衣服靴衫，而尊卑内外，斯一贯矣"。即宫内宫外，贵族民间，多有女子身穿男式衣衫，足蹬男人皮靴，女子服装被男性化了。唐武宗时也有女子身着男装。武宗妃子王氏，善于歌舞，又曾帮助武宗获得帝位，深得君王宠爱。王妃体长纤瘦，与武宗身段相似。当武宗狩猎时，她穿着男子的袍服陪同，并骑而行，人们分不出哪个是皇帝，哪个是妃子。武宗想把王妃立为皇后，但宰相李德裕以妃子娘家寒素和本人无子为由，反对册立，故王妃失去执掌后宫的机会。可见：当时王妃的男装显然是武宗所欣赏的，至少是被武宗所接受的。

中国传统文学中女扮男装的例子就很多，如花木兰、祝英台，或代父从军，或追求恋情等。

然而，花木兰和祝英台女扮男装之事，在史书上却未见记载。所以，其真实性尚待考证。不过，史书上的确记载过一些女扮男装的事情，也就是说，在历史上女扮男装是真实存在的。

《南史·崔慧景传》中记载，东阳有一女子名叫娄逞，她女扮男装，而且看上去就是一个男人。之后，娄逞出外游学，她擅长下棋，并很有学问，于是遍游当时的公卿之间。后来娄逞做了官，而且是在中央政府部门上班。但是，娄逞的女人身份最终被人发现了。当时女人是不能做官的，若是扮成男人去做官被发现后，是要治罪的。然而，当时的皇帝很欣赏娄逞的才能和胆量，谅解并宽恕了她。望着娄逞远去的背影，这位皇帝叹息道："如此一个有才能的人，竟然是一个女人，真是太可惜了！"

安乐公主百鸟裙

安乐公主（公元684—公元710年），为唐中宗李显最幼女，母亲为韦后。生于公元684年，正值武则天贬黜李显至房陵之时。她出生时，中宗脱下自己的衣服来包住小婴儿，故命其名为裹儿。公主聪明貌美，韦皇后相当喜欢她。

安乐公主受到父母溺爱，生活也相当豪奢浪费。她拥有两件百鸟裙，为旷世珍品。百鸟裙是由负责备办宫中衣物的机构尚方（主造皇室所用刀剑等兵器及玩好器物的官署）制作，采百鸟羽毛而织成。裙子的颜色鲜艳无比，令人眼花缭乱，不知其本色。从正面看是一种颜色，从旁看是另一种；在阳光下呈一种颜色，在阴影中又是另一种，裙上闪烁着百鸟图案。后来益州献单丝碧罗笼裙，缕金为花鸟，细如丝发，大如黍米，眼鼻口甲皆备，神奇而不可思议。据《新唐书·五行志》记载："中宗女安乐公主令尚方织成毛裙，合百鸟毛，正看为一色，旁看为一色，日中为一色，影中为一色，百鸟之状并见裙中。凡造两腰，一献韦氏（其母）计价百万。……自安乐公主作毛裙，百官之家多效之。江岭奇禽，异兽毛羽，采之殆尽。"①

安乐公主的百鸟裙为中国织绣史上的名作，官家女子竞相效仿，致使山林奇禽异兽，搜山荡谷，扫地无遗，唐张鷟撰笔记小说集《朝野佥载》中记录了隋唐两代的朝野遗闻，对武则天时期的朝政颇多讥评。当中称："安乐公主造百鸟毛裙，以后百官、百姓家效之。山林奇禽异兽，搜山荡谷，扫地无遗。至于网罗杀获无数。"

安乐公主造百鸟毛裙以后，普天之下，争先效之，"山林奇禽异兽，搜山荡谷，扫地无遗"充分显示了当时时尚感召力之大。

百鸟裙的流行除了反映统治者穷奢极欲的生活外，也说明古代织造技术至唐

① 周峰．中国古代服装参考资料隋唐五代部分［M］．北京：北京燕山出版社，1987（12）：44.

已达到很高的工艺水平。其中，官府纺织作坊中所生产的品种花样丰富多彩、织造精巧，出现了新品种和新技法。百鸟裙还对以后各代鸟羽织品的发展，起到了承上启下的作用。

图 1　敦煌壁画（百鸟裙的奇观只有文字留存，只能从敦煌壁画的大袖上衣中窥见其奢华美丽）

虢国夫人素面朝天

图 1　虢国夫人全身像（清颜鉴题诗，清王翙绘图，嘉庆间颜氏刻本《百美新咏》）

虢国夫人（？—公元 756 年）（图 1），即杨贵妃三姐。在杨贵妃得到李隆基宠爱后，杨家兄弟姐妹相继得到封赏。大姐封为韩国夫人，三姐封为虢国夫人，八姐封为秦国夫人。大诗人杜甫有《丽人行》诗云：

“三月三日天气新，长安水边多丽人。
态浓意远淑且真，肌理细腻骨肉匀。
绣罗衣裳照暮春，蹙金孔雀银麒麟。
头上何所有？翠微盍叶垂鬓唇。
背后何所见？珠压腰衱稳称身。
就中云幕椒房亲，赐名大国虢与秦。
……”

韩国夫人、虢国夫人、秦国夫人都美貌出众、倾国倾城。其中虢国夫人以别出心裁的妆容，更是引得了天子对她注目，同时也是“素面朝天”“淡扫蛾眉”两个成语的出处。

在男权社会，女性特殊的地位与价值观念，使得她们的妆容既有愉悦又有悲酸。为了获宠，她们往往都煞费苦心，描眉画唇，并施以厚厚脂粉。到唐朝，政治稳定，经济繁荣，妆容文化更是丰富，尤其是画眉之风，达到了登峰造极的地步。

虢国夫人天生丽质，“雍容华贵，享有中国盛唐时期第一贵妇的美誉”[①]她对自己的美貌十分自信，不施脂粉，入朝觐见天子，所以出现了成语“素面朝天”。典故出自宋乐史所写的文言传奇小说《杨太真外传》。当然，虢国夫人深知唐玄宗的爱好——痴迷“美眉”。李隆基甚至命人作了“十眉图”，即鸳鸯眉、小山眉、五岳眉、三峰眉、垂珠眉、月棱眉、分梢眉、涵烟眉、拂云眉和倒晕眉。可见，即便自信如虢国夫人，可以“素面朝天”，但眉还是要画的。当然，也还是淡淡的峨眉。由此，虢国夫人在六宫粉黛中反而更显得美若天仙，玄宗反而更加宠爱她，给予她随时入宫拜见的特权。

诗人张祜就此写了一首诗，专门写这件事情：

“虢国夫人承主恩，平明骑马入宫门。
却嫌脂粉污颜色，淡扫蛾眉朝至尊。”

这首诗就是成语“淡扫蛾眉”的出处。在古代能够“素面朝天”的，毕竟只有少数，也只能产生在女风疏放的唐代。

宋画家李公麟有仕女画取名《丽人行》(图 2)。此图“设色华丽，人物优

图 2 《丽人行》局部（宋李公麟，台北故宫博物院藏品）

① 国宝档案栏目组. 绘画案-国宝档案-贰［M］. 北京：中国民主法制出版社，2018(4)：18.

美，构图取自杜甫《丽人行》，描写‘肌理细腻骨肉行’‘绣罗衣裳照暮春’之景色。”[①]造型与设色尽显唐代雍容富丽风气，与大诗人杜甫的《丽人行》史诗交相辉映。

① 桐程. 中国传世名画全集·人物卷［M］. 呼和浩特：远方出版社，2002（10）：47.

卢眉娘绣盛唐繁华

粤绣起源于唐朝，是广州刺绣（广绣）和潮州刺绣（潮绣）的总称（图 1），为中国四大名绣之一。

唐代苏鹗《杜阳杂编》记载：“永贞元年，南海贡奇女卢眉娘，年十四，眉娘生而眉如线细长也。……幼而慧悟，工巧无比。能于一尺绢上绣《法华经》七卷，字之大小不逾粟粒，而点画分明，细于毛发……”“《杜阳杂编》所载是目前可见典籍中最早的广绣记录，后在宋代张君房所编的《云笈七签》以及同时代的《太平广记》中均有转述，内容大同小异。”[①]

图 1　清广绣鹤鹿同春图（北京故宫博物院藏品）

卢眉娘（公元 792—？）（图 2），南海（今广东广州）人。生于唐代贞元年间，她本来是北祖帝师的后代，从大定流落到岭表。后魏卢景裕、景祚、景宣、景融兄弟四人，都是帝王的老师，所以称帝师。自小喜欢针线，到了十几岁的年纪，已经练就了奇佳的刺绣技艺，四邻八乡的人都以讨一幅她的绣品为荣。公元805年，南海太守发现她“奇巧而神异”的刺绣才华，把她献给

① 陈周起. 广东记住乡愁民艺选析［M］. 广州：广东旅游出版社，2018（8）：201.

图 2　卢眉娘画像（北宋何充摹绘，现藏美国弗瑞尔艺术陈列馆）

了朝廷。

卢眉娘的绣艺不久便蜚声宫廷内外，她可以在一方丝绢上绣出整卷法华经，每个字细如米粒、清清楚楚。她可以在一把丝伞上绣出上千位仙童玉女、数十座亭台楼阁，并衬以海外仙山和凤凰麒麟，观之栩栩如生……这样的技艺超出了当时人们想象的极限，于是，这个来自南蛮之地的姑娘被宫廷里的嫔妃称为神姑，唐宪宗本人也亲赐金凤环，嘉奖她的才华。

就在深得宫廷宠幸之时，卢眉娘作出了惊人之举——向宪宗皇帝求去。那时，要想出宫，除了出家，别无其他选择。于是，她“休梳全鬓洗红妆”，遁入空门。宪宗皇帝无奈之下，赐她一个“逍遥”的法号，将其送回故乡南海修道。

卢眉娘不仅精于刺绣，还善于作诗。她在一首诗中写道：“春市初开处处春，九衢明艳起香尘。世间总有浮华事，争及仙山出世人。”在盛世的繁华与出世的自由之间，她选择了后者。或许正是有着这么一颗澄明清净的心，她才可以将盛唐的繁华绣得淋漓尽致、栩栩如生。

张萱工绘《捣练图》

张萱（公元 713—公元 755 年），唐代画家，京兆（今陕西西安）人，开元时曾任史馆画直。“善起草”，对亭台、树木、花鸟、皆穷其妙，尤擅长仕女画。

盛唐时期，长安是全国的丝织品生产中心，都城内有少府监、织染署、掖庭局等机构，下设官营丝绸作坊。玄宗后期，宫中专为杨贵妃造作锦绣金玉之工就达千人。官府作坊内也有为数不少的奴婢，一些技艺出众的被分配到掖庭局劳作，所得报酬仅为日常衣食。《捣练图》（图 1）中所描绘的劳作景象，真实再现了她们的生活。

练是一种丝织品，刚刚织成时质地坚硬，必须经过沸煮、漂白，再用杵捣，才能变得柔软洁白。《捣练图》卷是一幅工笔重设色画，表现贵族妇女捣练缝衣

图 1 《捣练图》之熨烫（美国波士顿博物馆藏品）

的工作场面。这幅长卷式的画画上共刻画了十二个人物形象，按劳动工序分成捣练、织线、熨烫三组场面。第一组描绘四个人以木杵捣练的情景；第二组画两人，一人坐在地毡上理线，一人坐于凳上缝纫，组成了织线的情景；第三组是几人熨烫的场景，还有一个年少的女孩，淘气地从布底下窜来窜去。

图中女子衣着是盛唐时半露胸式衫裙装的代表。里面的成年女性都穿短襦，肩上搭有披帛。衣饰色彩柔和，艳而不俗，朱红、绯红、橙黄、草绿等交相辉映。裙薄如蝉翼，以极细的笔触勾画出衣裙上织印的花纹。当时，上至宫廷下至民间都崇尚肥美。张萱笔下女性脸圆而饱满，体态丰腴健硕，尽显大唐女性的华贵之美。

《捣练图》工笔画以写实的手法将当时的生活细细地记录下来，衣裙的花纹，女子的“时世妆”。其中的技艺之美令人难忘，手工艺人的精准高超让人感动，为后世展现了盛唐制衣风俗。

白居易妙笔写缭绫

绫，俗称绫子。是一种有彩纹的丝织品，光如镜面，像缎子而比缎子薄。最早的绫表面呈现叠山形斜路，据《释名》解释为："其纹望之似冰凌之理"而故名。

绫始产于汉代以前，盛于唐、宋。不同等级官员的服装，用不同颜色和纹样的绫来制作。官营织造中设置了生产绫的专门机构，唐代称"绫作"，宋代有"绫锦院"。绫的品种见于唐代文献的有独窠（kē）、双丝、熟线、乌头、马眼、鱼口、蛇皮、龟甲、镜花、樗（chū）蒲等名目，以浙江生产的缭绫（liáo líng）最负盛名。

缭绫是一种精致的丝织品，质地细致，文彩华丽，为唐代贡品。唐代大诗人白居易（公元772—公元846年）有作品《缭绫》记录了缭绫的生产，主题是"念女工之劳"，是白居易组诗《新乐府》五十篇中的第三十一篇。"诗中内容是迄今发现的有关唐代缭绫生产工艺和织物风格最为详尽的文献描述资料。"[①]

《缭绫》写道：

缭绫缭绫何所似?
不似罗绡与纨绮。
应似天台山上月明前，
四十五尺瀑布泉。
中有文章又奇绝，

① 中国科学院自然科学史研究所. 科学技术史研究六十年　中国科学院自然科学史研究所论文选（第三卷）［M］. 北京：中国科学技术出版社，2018（5）：227.

地铺白烟花簇雪。
又说：
天上取样人间织。
织为云外秋雁行，
染作江南春水色。
广裁衫袖长制裙，
金斗熨波刀剪纹。
异彩奇文相隐映，
转侧看花花不定。
……

缭绫究竟有什么不一样的地方呢？原来它的精美是罗、绡、纨、绮这四种丝织品无法比拟的。只有以大自然的美丽才能形容，比如天台山出名的瀑布。瀑布在明月下飞流直下，闪现寒光，夺人眼球。但是瀑布是没有花纹的，而缭绫上面则有精美的图案，白色的底纹、雪白的花案。“诗人用‘白烟’‘簇雪’两词，立马让缭绫上的这些图案具有了动感，并且鲜活地将缭绫轻柔的质感以及让人望而生寒的色调勾画出来。”①

“织为云外秋雁行”是说图案的精美，“染作江南春水色”则表现染织过程的精细。将缭绫裁剪为衣裙，精心熨烫修整，呈现出“异彩奇文相隐映，转侧看花花不定”的效果，成为一件美轮美奂的艺术品。

当然，“缭绫织成费功绩，莫比寻常缯与帛。丝细缫多女手疼，扎扎千声不盈尺。”缭绫织成是一件劳神费工的事情，它跟寻常的丝织品完全不一样。缫丝工艺复杂，细而繁多，织女们经常弄得手疼。并且缭绫织造缓慢，机杼声响一千声也织不够一尺。

诗中那缥缈如雾般轻盈，晶莹如水般剔透的描写并非艺术夸张，各种文物的出土证实了诗人的描写是据实形象化的描写（图 1、图 2）。

① 马玮．白居易诗歌赏析［M］．北京：商务印书馆，2017（6）：106.

图 1　唐绿色菱格小花纹绫（中国丝绸博物馆藏品）

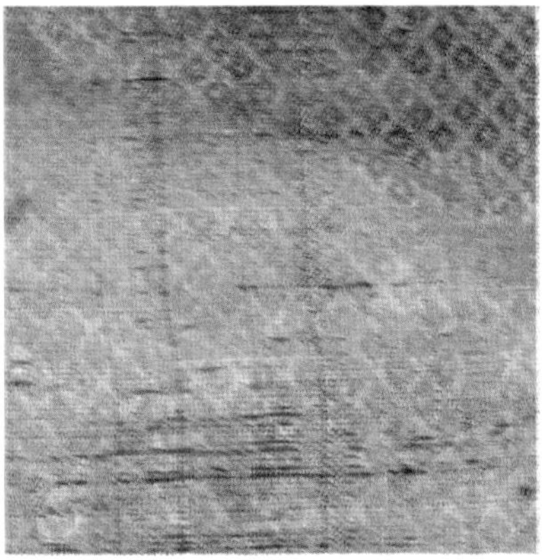

图 2　唐小菱格纹绫（中国丝绸博物馆藏品）

温庭筠妙笔咏艳锦

锦本义为有彩色花纹的丝织品。一般指经纬丝先染后织，色彩多于三色，以经面缎、斜为地，纬起花的提花熟织物（色织绸）。据《释名·释采帛》解析，锦的价格贵重如金，故锦字从帛从金。《范子计然》记载齐国锦绣，“上价匹二万（钱），中万，下五千”，一般绢帛“匹值七百钱”。价格相差达15倍。《诗经·郑风·丰》记载：“裳锦絅（jiǒng）裳，衣锦絅衣”就是说锦的价贵，穿锦裳锦衣时，外面罩着麻裳和麻衣以保护之。

锦字的含意还可理解为“金帛”，意为“像金银一样华丽高贵的织物”，锦的生产工艺要求高，织造难度大，所以它是古代最贵重的织物。“锦，金也，作之用功重，其价如金”，锦是华贵的代名词，一般丝绸幅宽一尺八寸，四丈为一匹，而锦的规格通常会更短而宽，单位也往往为“张”“段”，而不是“匹”。古人把它看成和黄金等价。事实上古代和现代确有用金银箔丝装饰织造的锦缎，只是现代的金银丝并非真正的黄金和白银制成，而分别是铜粉和铝粉制作的闪光丝而已，因此锦的外观瑰丽多彩，花纹精致高雅，花型立体生动。

图1 《晚笑堂画传》中温庭筠题跋像（清上官周绘，乾隆八年刻本）

温庭筠（约公元812—公元866年）（图1），唐代诗人、词人。本名岐，字飞卿，太原祁（今山西祁县）人。少敏悟，工诗词。数举进士不第，宣宗大中中，以搅乱试场黜为随县尉。后至长安任国子助教，后贬方城尉。其诗辞藻华丽，与李商隐齐名，并称“温李”。其词风格浓艳，与韦庄并称“温韦”。有《温飞卿诗集》和《金筌词》等作品问世。

温庭筠的《织锦词》描绘了唐代的织锦的状况：

“丁东细漏侵琼瑟，影转高梧月初出。
蔟蔌金梭万缕红，鸳鸯艳锦初成匹。
锦中百结皆同心，蕊乱云盘相间深。
此意欲传传不得，玫瑰作柱朱弦琴。
为君裁破合欢被，星斗迢迢共千里。
象尺薰炉未觉秋，碧池中（一作已）有新莲子。”①

词中第二联描述的是织锦的过程及产品的花色与数量。可意译为织锦如箭簌簌梭子万线红，鸳鸯图织品刚成一匹。第三联描述的是纹样，意译为织品的图案都是同心结，蕊繁盘绕相隔花色新。

较之前代，唐锦的典型发展之一是从经线起花发展为纬线起花的。所谓“经锦”“纬锦”之称，便是为了区分两种不同的织造手法。相形之下，纬锦的纹样表现要更流畅细腻。也因此，才有诗中所咏“艳锦”之说。“簇簌金梭万缕红”一句，将锦的色彩、唐人对色彩搭配的掌握以及偏好，都精炼而准确地表达出来。锦最适合营造繁华热烈的气氛，正与唐人的喜好匹配。红，在诸色彩中是鲜艳、奔放、夺目、热烈的一类，深受唐人喜爱，仅从诗歌中，就有数不胜数的“红”。服装色彩方面有“红裙妒杀石榴花”“红绡带缓绿鬟低”的记载。室内装饰方面有“染为红线红于蓝，织作披香殿上毯”的描写，更有晕铜锦的华丽，不同色彩相间交错，色线往往有五、六种，多者到八、九种，在色带上再起花，是真真正正的锦上添花。

① ［宋］郭茂倩. 乐府诗集［M］. 上海：上海古籍出版社，2016（12）：1121.

吕洞宾创纯阳巾

吕洞宾（公元798—？）（图1），唐代道教主流全真派祖师。名喦（“喦”或作“岩”），原为儒生，字洞宾，道号纯阳子，自称回道人，河东蒲州河中府（今山西芮城）人。40岁遇郑火龙真人传剑术，64岁遇钟离权传丹法，道成之后，普度众生（图2），世间多有传说。现在山西省运城市芮城县有元代丘处机奉皇帝御旨兴建的永乐宫，属全国重点文物保护单位。

图1　吕洞宾画像（明张路绘《杂画·纯阳》，上海博物馆藏品）

图2　钟离权度吕洞宾（元山西永乐宫纯阳殿神龛背壁画）

吕洞宾是道教中的大宗师。目前道教全真派北派（王重阳真人的全真教）、南派（张紫阳真人）、东派（陆潜虚）、西派（李涵虚），还有隐于民间的道门教外别传，皆自谓源于吕祖（图3）。

吕洞宾是汉族民间传说中的八仙之一，另七仙是汉钟离、蓝采和、韩湘子、曹国舅、张果老、铁拐李和何仙姑。他在八仙排行中虽不是“老大”，但其影响却是其他七仙无法匹配的。民间汉钟离等七仙的专庙寥寥无几，而奉祀吕洞宾的吕祖庙、吕祖阁却成千上万遍布各地。

纯阳巾的含义，其实通过它的名字就能够看得出来。这种道巾一是为了致敬道教中的神仙吕纯阳，相传吕纯阳在

图 3　南宋　吕祖过洞庭图（局部）（美国波士顿美术博物馆藏品）

得道升仙之前就是戴的这种道巾，二是因为唐朝的大文学家白居易喜爱戴这种的道巾，所以也就有着“唐巾”“乐天巾”的说法。

“纯阳巾：巾前饰有一方形竹筒状的折片，上高下低，斜覆于前，并有二脚系结于脑后，自然下垂。据传其为吕洞宾（道号纯阳子）所创。”①

这种道巾在明朝的《三才图会》中也是有着相关的记载。《三才图会》称：“纯阳巾，一名乐天巾，颇类汉唐之巾。顶有寸帛，襞积如竹筒，垂之于后，巾上有盘云纹样。曰纯阳者以仙名，而乐天则以人名也。”

图 4　清　宝蓝色缎钉金线纯阳巾（北京故宫博物院藏品）

据研究，道教讲究养生，其巾帽的式样中蕴涵着修炼养生的深意。其中“纯阳巾的帽前上方有九道梁垂下，‘九’为纯阳之数，代表着‘九转还丹’之意。超脱红尘、内心宁静是养生的一大要诀；而‘九转还丹’就是以丹道修炼而达养生目的的。”②（图 4）

此巾在明代十分流行，不仅道教徒戴，儒者、士大夫子弟也戴。

① 王琪. 汉字文化教程［M］. 北京：商务印书馆，2018（10）：239.

② 詹石窗. 百年道学精华集成第4辑大道修真［M］. 上海：上海科学技术文献出版社，2018（3）：381.

赵匡胤黄袍加身

色彩从来是构成形式美的强有力的手段，它在中华服饰文化中占有举足轻重的地位。中国服饰色彩的运用渊源已久，有着悠久而灿烂的历史。在奴隶社会、封建社会时期，服饰色彩不仅作为实用及审美功能引起人们的重视，而且人们始终将服饰色彩作为一种区分贵贱、等级的标志。早在周代，将色彩分为正色和间色。青、赤、黄、白、黑是“五方正色”，绿、红、碧、紫、骝黄是“五方间色”。由于五行说的影响，就产生了五色说，五色又和五方、五时产生对应联系，因而赋予了色彩各种联想意义。

黄色在五方（东、南、中、西、北）当中属于“中”，所以古代把黄色看成中央正色，为皇帝所喜欢。

皇帝穿黄色的服饰制度始于唐朝。唐代认为赤黄近似日头之色，日是帝皇尊位的象征，“天无二日，国无二君”故赤黄（赭黄）除帝皇外，臣民不得僭（jiàn）用，故把赭黄规定为皇帝常服专用的色彩，从此黄色就一直成为帝皇的象征，一直垄断到清朝。

图 1　宋太祖赵匡胤画像

五代后周时，赵匡胤（公元 927—公元 976 年）（图 1）谋夺帝位，在陈桥驿发动兵变（图 2），诸将替他披上黄袍，拥立为帝，定国号为宋，是为宋太祖。后来“黄袍加身”就用来比喻发动政变获得成功。

《宋史 · 太祖本纪》记载：“诸校露刃列于庭曰：‘诸军无主，愿策太尉为天子。’未及对，有以黄衣加太祖身，众皆罗拜呼万岁。”

袍是古代的一种长衣，袍身有里，袍内着内衣，袍

图 2　陈桥驿遗址

长至脚面。袍服的主要特点是宽袍大袖，褒衣博带，虽形制简单，但一穿到人身上便各人一样，神采殊异，可塑性很强。袍服充分体现了汉民族柔静平和、娴雅超脱、泰然自若的民族风格，以及平淡自然，含蓄委婉、典雅清新的审美情趣。

从中国清朝以前的服装款式来看，遮蔽人体的宽袍大袖是中国传统服饰的主流。即使某些人的形体很美，这种服装也不去展现这个美的形体。《资治通鉴》引萧何的话说："天子以四海为家，不壮不丽无以重威"从这层意义上去看宽袍大袖的中国古代皇帝礼服，我们应会明白它们为什么不去表现皇帝的形体美，而是着重写意传神，突出他们端庄威严的精神力量。

韩熙载创韩君轻格

韩熙载（公元902—公元970年），字叔言，五代十国时潍州北海（今山东潍坊）人，南唐大臣。少隐嵩山，后唐庄宗同光中进士，李煜时改吏部侍郎，拜兵部尚书。工文章书画，名闻京洛。才气逸发，多艺能。衣冠常制新格，为当时风流之冠。有《拟议集》《定居集》问世。

据《南唐书拾遗》载：韩熙载在江南造轻纱帽，谓为‘韩君轻格’。以黑色细纱制成，形状高耸。明沈德符《万历野获编·卷二十六》记载："古来用物，至今犹系其人者，如韩熙载作轻纱帽，号‘韩君轻格’"。[①]从五代流行到北宋，一度在士人中流行。

图1 《韩熙载夜宴图》中韩熙载画像（宋摹本，南唐顾闳中绘，北京故宫博物院藏品）

这种巾式，上不同唐，下不同宋，比宋代东坡巾要高，顶呈尖形。这种轻纱帽频频出现在五代著名南唐画家顾闳中的大作《韩熙载夜宴图》（图1、图2）之中。夜宴上，无论肃立，还是端坐，抑或坦腹灌手，或者击鼓伴舞，他都戴着那顶黑色的帽子。

画面上，韩屡次更衣，但这顶帽子一直戴在头上，无论帽子下面那张表情如何变幻，不管全场的宴乐有多纷繁，它始终不为声色所动。在画家笔下，他脱到最后一件衣服，甚至坦腹、摇扇驱热纳凉，也不肯摘下那顶黑色高帽。那帽子，是他的设计，他的风格，他的风骨，更是他的精神寄托。即便襟袍被权力意志

① ［明］沈德符．历代笔记小说大观：万历野获篇［M］．上海：上海古籍出版社，2012（11）：560.

图 2 《韩熙载夜宴图》(局部)(同上)

剥光，只要头在，帽子就必须戴在头上，还要端端正正的戴着，“君子死，冠不免”。

高高的黑帽子是一个象征，士人的精神高度，无论如何，都要把它戴在头上，不落亦不能歪斜。

赵匡胤发明长翅帽

图 1　赵匡胤画像

乌纱帽，起初用藤编织，以草巾子为里，纱为表，而涂上漆。后来官服用乌纱帽，由于纱经油漆后坚固而又轻便，于是去掉藤里不用，又在纱帽上“平施两脚，以铁为之”，也就是帽子两侧伸出两支硬翅。这“两脚”从宋朝开始，逐渐加长。这种长翅帽就是宋太祖赵匡胤（公元 927—公元 976 年）（图 1）发明的。

“宋太祖是中国历史上最著名的皇帝之一，他扫平割据，发展经济，打击腐败，并实施重文抑武等举措，使北宋的经济和文化达到了中国历史上的一个高峰。”①

赵匡胤在称帝后十分勤政，但朝中一些文武大臣却经常在朝堂中交头接耳，评论朝政。为防止议事时朝臣交头接耳，就下诏书改变乌纱帽的样式。在乌纱帽的两边各加一个翅，长翅用铁片、竹篾做骨架。一顶帽子两边铁翅各穿出一尺多（以后越来越长），这样只要脑袋一动，软翅就忽悠忽悠颤动，皇上居高临下，看得清清楚楚。又在乌纱帽上装饰不同的花纹，以区别官位的高低。由于翅有一尺多长，所以走起路来便会上下颤动。这种帽子除了朝堂和官场正式活动时须戴上，一般场合是不戴的。为了保护帽翅以免碰掉帽子，官员们都养成了小心翼翼走路的习惯。

① 方东. 历代开国皇帝评传六桂草堂学史笔记［M］. 呼和浩特：内蒙古人民出版社，2011（1）：133.

图 2　宋丞相寇准像

长翅帽是宋朝官员的标志性物品。关于宋朝官员戴长翅帽，古代文人笔记中还记载了一个有趣的故事。一日，宰相寇准（图 2）微服出行视察民情。他着青衣，戴着小帽，打扮成书生模样，在京都东京（今河南开封）私访。当他和一个老头子谈话时，老头子对寇准卑躬屈膝，跪拜迎送，表现出异乎寻常的谦恭。寇准感到奇怪，故意发问："老先生，鄙人乃一介书生，请你随便些吧。"老头子笑着说："相公莫非隐瞒自己身份？你可是朝廷命官啊！"寇准一听更加疑惑，"我和你老素不相识，怎么说我是朝廷命官呢？"老头子说："相公，刚才你通过狭巷时侧身左顾右盼，生怕有东西碰着你的帽子。你要不是常戴长翅帽，哪会有这样的习惯动作？"

到了清朝，乌纱帽虽被顶子花翎所取代，但在我们日常语境里，"乌纱帽"仍和做官紧密联系在一起，当官了叫做"戴了乌纱帽"，革职的叫做"摘掉乌纱帽"。

杨朴《莎衣》明志

杨朴（公元921—公元1003年）北宋布衣诗人，字契元（一作玄或先），河南郑州人，世居新郑东里，自号东里野民。好学，善诗，天性恬淡孤僻，不羡荣华富贵不愿做官，一生为布衣，终生隐居农村。常独自骑牛游赏，往来于县境东里、郭店间。见到草茂林密幽僻的地方，就卧伏草中冥思苦想，每得妙辞佳句，立即挥笔成诗。曾独自带上手杖进入嵩山险绝处，构思成文100多篇。当时的士人学子多传阅诵读他的诗文。

杨朴写过一首《莎衣》诗云：

软绿柔蓝著胜衣，倚船吟钓正相宜。
蒹葭影里和烟卧，菡萏香中带雨披。
狂脱酒家春醉后， 乱堆渔舍晚晴时。
直饶紫绶金章贵，未肯轻轻博换伊。

他的同学毕士安向宋太宗推荐了他，即作《莎衣》一诗，辞官而归。《瀛奎诗话》说："此诗对御所赋，天下传诵。"

诗的首联写渔人爱蓑衣。"软绿柔蓝著胜衣，倚船吟钓正相宜。"蓑衣虽然是用草和绳子编缀而成的，但是在渔人的眼里，它是色彩鲜明、质地轻柔的。诗人说蓑衣绿蓝相间，柔软胜过锦衣，穿着它靠在船边吟诗、钓鱼是最合适的。"吟诗是诗人的事，钓鱼是渔人的事，既钓鱼又吟诗，就不是一般的渔翁，而是闲居江湖的高雅之士的行为了。"[①]诗人爱蓑衣，正是他喜爱浪迹江湖，不与污浊庸俗的

① http://so.gushiwen.org/shiwenv_dad8e870f34e.aspx

官场往来的思想情感的流露。这两句为全诗定下了基调，表现了淡泊清高的情调。

颔联写渔人披蓑衣。在什么情境中披上蓑衣呢？“蒹葭影里和烟卧，菡萏香中带雨披。”在一片芦苇的影子里，在烟波渺茫的水面上，披着蓑衣，躺在渔船上。在如盖的荷叶中间、在清幽的荷香之中，披上蓑衣，穿过芦苇荡，看莲叶滴翠，闻菡萏飘香，想躺就躺，想坐就坐。微风细雨中，多么富有诗情画意的境界。这显然是对自由自在的渔人生活的赞美。

颈联写渔人脱蓑衣。在什么时候脱下蓑衣呢？在两种情况下：一是在好客的酒家开怀畅饮、醉意朦胧之后，狂放自在，抛开了蓑衣；另是在晚霞满天，收棹拢岸之后，把蓑衣脱下来，随手堆放在渔舍里。这显然是对无拘无束、怡然自乐的渔人生活的讴歌。

中间两联一“披”一“脱”，显得既自由自在又潇洒超脱。

尾联两句抒情言志：“直饶紫绶金章贵，未肯轻轻博换伊。”任凭你紫绶金章有多高贵，我是不会轻易把我的蓑衣换你的官场礼服的，你们也休想用这些俗物来换取我的蓑衣。诗人面对宋太宗而拒绝受官，正和他不愿将蓑衣换官服的思想行为是相一致的，由此可见其思想志趣。“蓑衣”也就有了象征意义。

图 1 《五代雪渔图轴》（局部）（图中画有戴斗笠、穿蓑衣的文人，台北故宫博物院藏品）

不难看出，诗中提到的“紫绶金章”与“绿蓑青笠”是两种人生观的服装表征，是不同身份的象征（图 1）。

隐居者需要他们的“身份象征”——蓑衣。蓑衣和渔父形影相随，成了隐逸者外包装的一个道具。选择了蓑衣，便意味着选择了清贫的人生，同时也是自由的人生。

苏轼引领东坡巾

图 1　苏轼像（清叶衍兰绘）

苏轼（公元 1037—公元 1101 年）（图 1），字子瞻，又字和仲，号东坡居士，又号铁冠道人，世称苏东坡、苏仙。汉族，眉州眉山（四川眉山）人，北宋著名文学家、书法家、画家。一生仕途坎坷，学识渊博，天资极高，诗文书画皆精。其文汪洋恣肆，明白畅达，与欧阳修并称“欧苏”，为“唐宋八大家”之一；诗清新豪健，善用夸张、比喻，艺术表现独具风格，与黄庭坚并称“苏黄”；词开豪放一派，对后世有巨大影响，与辛弃疾并称“苏辛”；书法擅长行书、楷书，能自创新意，用笔丰腴跌宕，有天真烂漫之趣，与黄庭坚、米芾、蔡襄并称“宋四家”；画学文同，论画主张神似，提倡士人画。著有《苏东坡全集》《东坡乐府》等。

东坡巾亦称乌角巾。其巾内有四墙，有前后左右四角。外有重墙，较内墙稍低。重墙前面开口，下成尖角，正对眉心。因系宋代苏东坡所戴，故称。《东坡居士集》中有“父老争看乌角巾”之句。①

就目前的文献和考古材料而论，还没有准确叙述东坡巾尺寸的记录，所见形象均为传世画像。宋代著名画家李公麟的传世名画《西园雅集图》（图 2），元人赵孟頫绘的《苏轼相册》的苏轼像所戴的巾子，都是这样的巾式。

从服饰文化的特定含义、外观、内蕴的总体看，既有一种端直、持重之感，又给人留下高雅、方正、庄敬的印象。

宋代，治学求解之风日盛，儒生装束备受青睐。因着儒生常用服饰而为他人

① 张茂华，亓宏昌. 中华传统文化粹典［M］. 济南：山东人民出版社，1996（4）：407.

图 2　西园雅集图（局部）（宋李公麟，画中的苏东坡戴着东坡巾提笔写字，上海博物馆藏品）

崇敬，故儒生情调的打扮流行开来。东坡巾便是其中一例。“宋时的文人雅士或隐逸的野老都喜戴东坡巾，一时流传开来，直到明朝仍很流行，并以戴此巾为高雅。”①

这种帽身高耸、端直的巾子形式，之所以为广大文人雅士所接受，除了有名人的效应外，亦与当时的理学儒道伦理风尚、士人文化心理以及审美情趣有直接联系。正因如此，东坡巾（图 3）自宋代出现以来，不仅成为当时文人雅士、引退官僚们的典型服饰之一，还被后世绅士、官僚沿用照搬。特别是明代，有不少为朝在任之官，也常戴此巾，可谓是文仕相通、世代相传。

① 杭间. 服饰英华［M］. 济南：山东科学技术出版社，1992（11）：146.

图3 《七子过关图》(局部)(南宋刘松年,卷中画有东坡巾)

浙东女子凤冠霞帔

霞帔，用锦缎制作，上面有绣花，两端做成三角形，下端垂金玉坠子。不要小看这样一件服饰，它千百年来成了女性社会身份的一种标志，承担着女性一生中最大的愿望。

霞帔本来只是服饰的一种，据专家研究，它来源于唐代女性的帔子。女子们发明帔子，出门时披在肩上用来遮风暖背，成为一种新风尚。渐渐的人们又发现，这帔子微风吹动时飘飘欲仙煞是动人，便把它加长、变薄。因此它的装饰价值也就大于了实用价值，唐张鷟（zhuó）《游仙窟》中“迎风帔子郁金香，照日裙裾石榴色。”就是对这种现象的记载。在宋代，霞帔变成了女性礼服的一部分，明代时发展成了霞帔，其形美如彩霞，故得名。

宋代以来，霞帔是朝廷命妇的礼服，随品级的高低而有所不同。明代洪武四年更有严格的规定，每条霞帔长 5 尺 7 寸，宽 3 寸 2 分。清代霞帔演变为阔如背心，下施彩色流苏，是诰命夫人的专用服饰。福建南宋黄升墓中出土有宋代霞帔的实物，其形制是两条绣满花卉纹的细长带，长带尖角一端相连，形成“V”字形。穿用的方式，是将两条长带搭在肩头，在颈后以线相缝连，而尖角一端垂在身前，下坠一个金或玉的圆形“帔坠”作为装饰。这样的霞帔是宋代内、外命妇常礼服的一部分，所以凤冠霞帔做夫人，正是从前女子们的人生理想。

图 1　宋代霞帔

霞帔是贵妇常礼服的一部分，并非人人可佩。自宋代以后凤冠霞帔就被规定为只有一定品级的命妇才可以穿着佩戴（图 1），但它同时却也是民间女子新婚时的传统礼服。下面的关于凤冠霞帔的故事则更多了一些喜剧的色彩：

公元1128年初宋高宗赵构被金兵追杀，至宁波西乡某晒谷场，当时，四周一片空地，无处可以藏身，眼看金兵即将来到，晒谷场有个农家姑娘，身旁有很多竹箩，姑娘急中生智用竹箩把赵构罩住，解下了自己身上的布襤（南方妇女用蓝布做的围裙）盖在箩筐上，若无其事地继续翻晒稻谷，瞒过金兵。

赵构为报救命之恩，也立下重誓，等天下太平，我派人来，把你抬进皇宫。问，何以为凭，赵构说，“布兰”为凭，挂你们家大门，还说，秋以为期。来不及问姑娘姓名，赵构就急匆匆地往东方向逃离而去了。公元1137年，赵构派王伦向金朝求和，1138年高宗回到临安，暂定临安为南宋偏安一隅的都城，又过起了锦衣玉食的皇家生活。有一天，他忽然想起逃难时救他的那位姑娘，为报救驾之恩，有意将姑娘召入后宫。但在匆忙之中，没有问她姓名，只记得姑娘身上有一方布兰，就下诏书叫地方官员查找布兰姑娘。结果发现，整个西乡，家家户户，门上都挂有布兰，根本分不清哪家姑娘是宋皇的救命恩人。赵构为了褒扬救命民女，又下了一道诏书：浙东女子尽封“后”，出嫁时可用皇家的銮驾。“由此之故，宋高宗特许浙东姑娘在出嫁时享用龙凤花轿，凤冠霞帔，享受一天皇后的待遇，这就是‘浙东女子尽封后’的出典”。①

时至今日，也只有浙东保存着龙凤嫁妆。

① 罗杨．中国民间故事丛书浙江宁波余姚卷［M］．北京：知识产权出版社，2015（8）：78.

楼璹勤作《耕织图》

《耕织图》是我国古代为劝课农桑，记录稻耕、丝织生产的系列图谱。南宋绍兴年间潜县令楼璹绘制的《耕织图》系统而又具体地描绘了当时农耕经济最发达的江浙地区农耕和蚕织生产的各个环节，反映了宋代农业技术的发展状况，被誉为“中国最早完整记录男耕女织的画卷”。

楼璹（公元1090—公元1162年），字寿玉，又字国器，鄞县（今浙江宁波）人，出身于仕宦家庭。受父荫初任职于婺州（今浙江金华）幕，绍兴二年至四年（公元1132—公元1134年）任于潜县令，后迁邵州通判，广闽市舶使，湖北、湖南、淮漕转运使等职。在于潜期间深感农夫、蚕妇之辛苦，绘制《耕织图》。楼璹的侄子楼钥，宁波人，号攻愧主人，南宋大臣、文学家，为耕织图撰写过文章《跋扬州伯父耕织图》。

《耕织图》分为耕图与织图两大部分，耕图21幅，织图24幅，共45幅。每幅配有五言律诗1首。耕图自浸种至入仓，织图自浴蚕至剪帛，涉及各个生产环节。楼钥《耕织图后序》称其“农桑之务，曲尽情状，虽四方习俗间有不同，其大略不外于此。”(《跋扬州伯父〈耕织图〉》)。《耕织图》之所以能如此深入细致又兼有艺术性，有赖于楼璹对农业生产的长期观察与体验。他在任县令时，于潜一带的耕织技术已相当成熟，但各地也有一些差异，技术水平的发展不完全平衡。“慨念农夫蚕妇之劳苦”，楼璹遂发提炼技术、推广技术的想法。这时朝廷也曾屡下劝课农桑的诏令，于是楼璹绘成《耕织图》。因他劝课农桑有成绩，故得到封赏，遂迁邵州通判。高宗还专门召见他，并将其《耕织图》宣示后宫，书姓名屏间，一时朝野传诵几遍。

楼璹《耕织图》极大地普及了耕织生产技术，其中记载的许多耕织知识和生产工具，一直沿用至现在。

“由于《耕织图》客观地记载了当时农业生产技术、服饰和民情等，为后人留下珍贵的材料，许多画像都成为中国和世界之最。如织图中所绘的提花机的全部机件、操作方法等比《天工开物》《农政全书》早400余年，它的技术早于法国嘉卡提花机600多年，被学术界称为‘农具图谱的源头’”。

《耕织图》受到历代帝王的推崇和嘉许，康熙帝曾为《耕织图》题词。对“练丝”环节题为“炊烟处处绕柴篱，翠釜香生煮茧时，无限经纶从此出，盆头喜色动双眉。”

受楼璹《耕织图》所开创传统之影响，明清时期产生了大量成体系化的耕织图图像，这些图绘成为王朝进行社会教化的重要工具与媒介，体现出深远的象征意义与社会治理意义。

图1　楼璹《蚕织图卷》（局部）（宋摹本黑龙江省博物馆藏品）

黄道婆革新棉纺织

黄道婆（图 1），又名黄婆，我国元代著名的棉纺织革新家。她生于南宋末年淳祐年间（约公元 1245 年），是松江府乌泥泾镇（今上海徐汇）人。

图 1　黄道婆（1980 中国人民邮政 特种邮票）

南宋末年是一个多灾多难的年头，战乱频仍，民不聊生。江南地区人民长期受统治者的掠夺与压榨。旱涝之年，人们食不果腹，纷纷逃荒。在男尊女卑、三从四德的封建礼教社会，妇女如牛马般在苦水中煎熬。黄道婆十二三岁时，为生活所迫，给人家当童养媳，而偏偏又遇上刻薄的婆婆和蛮横的丈夫。一天，由于劳累过度，她织布时速度慢了一些，公婆和丈夫便以此为借口，将她毒打一顿，锁在柴房里不给她饭吃。黄道婆无处诉苦，便横下决心，在房顶上挖出一个洞，逃到了黄浦江边的一艘帆船上，随后到了海南岛崖州今海南岛，从此开始了自己不平凡的生活道路。

不久，她发现黎族妇女个个是心灵手巧的纺织能手，无论是工具还是纺织技术都比家乡的先进，而用棉花纺布的技艺更是令人叹服。黎族人们用的布不仅结实，而且精美。黄道婆把这一切看在眼里，记在心上，虚心向黎族人们学习纺织技术。经过长期的寻访与观摩，心灵手巧的黄道婆很快掌握了黎族先进的技术，从棉籽分离到纺纱织布，她无不精通。回到家乡后，黄道婆开始思考如何改良家乡的纺织工具，以提高生产效率。

她重返故乡的时候，植棉业已经在长江流域大大普及，但是纺织技术仍然很落后。元贞年间，她将在崖州生活三十余年所学到的纺织技术进行了改革，制成了一整套扦、弹、纺、织工具（如搅车、椎弓、三锭脚踏纺车等），极大提高了纺纱效率。在织造方面，她采用错纱、配色、综线、花工艺技术，织制出了有名的乌泥泾被，推动松江一带棉纺织技术和棉纺织业的发展，使松江在当时成为全国棉纺织业的中心。这对当时植棉和纺织技术的发展起到了很大的推动作用。黄道婆先改革了纺织工具，“创造性地发明了三绽脚踏纺车，代替了沿袭了几千年的单绽手摇纺车。这是棉纺织史上的一次重大革新，是黄道婆对棉纺织业的卓越贡献。”“这种纺车成了当时世界上最先进的纺织工具。”[①]然后她又将黎族人民先进的棉纺织生产经验与汉族纺织传统工艺结合起来，系统地改进了从轧籽、弹花到纺纱、织布的全部生产工序，并创造出新的生产工具，把自己掌握的精湛的织造技术毫无保留地传授给了故乡人民，同时也将松江地区的棉纺织技术提高到了一个相当高的水平。

由于黄道婆对棉纺织技术做出了这样巨大的贡献，当地人民都热爱她，怀念她，在镇上替她修建了祠堂，取名先棉祠。黄道婆去世后不久，松江一带就成为全国的棉纺织业中心，数百年之久而不衰。明朝正德年间，当地的棉纺织业达到高峰，织出的棉布一天就有上万匹。松江棉布远销各地，还出口到欧美等国家，深受各国人们的喜爱，赢得极高声誉。从此，内地的衣着用品逐渐以棉布代替了丝麻，棉织业迅速在全国发展起来。“衣被天下”的松江布是广大劳动人民智慧和汗水的结晶，更蕴含着黄道婆这位棉纺织革新家的心血和精力。正是由于黄道婆的不懈努力和非凡创造，拓展了我国棉纺织业的广阔天地。

棉纺织技术革新家黄道婆的伟大实践和贡献，人们是永志不忘的，一首上海地区世代流传的民谣表达了人民群众对这位杰出妇女的赞颂和铭记：

黄婆婆，黄婆婆，
教我纱，教我布，
二只筒子，两匹布。……

① 孙铁等．影响中国历史的38位传奇女性［M］．北京：中央编译出版社，2007（9）：199.

杨维桢自创四方巾

明代巾帽式样繁多，士大夫所戴的有汉巾、晋巾、唐巾、诸葛巾、纯阳巾、东坡巾、阳明巾、九华巾、逍遥巾等多种，甚至还有用马尾织成的巾。不过，明代民间使用最为广泛的是网巾、四方平定巾和六合一统帽。

四方平定巾的出现在明太祖时，相传是朱元璋召见杨维桢后定的。《七修类稿》中记载：“今里老所戴黑漆方巾，乃杨维祯入见太祖时所戴。上问曰：‘此巾何名？’对曰：‘此四方平定巾也。’遂颂式天下。”

杨维桢（公元 1296—公元 1370 年）（图 1），字廉夫，号铁崖、铁笛道人，又号铁心道人、铁冠道人、铁龙道人、梅花道人等，晚年自号老铁、抱遗老人、东维子。绍兴路诸暨州枫桥（今浙江诸暨）人。元末明初诗人、文学家、书画家，所写的诗被称为“铁崖体”，在文人中声望很高。朱元璋几次要他出来做官，他都不肯。

图 1　杨维桢画像（台北故宫博物院藏品）

上述记载说的是，有一次朱元璋派人召他到南京。杨维祯进谒时戴的是方顶大巾，巾式大概是他自创的，太祖问他的巾式有什么讲究，是何名称时，他奏对说叫“四方平定巾”。这个回答使太祖很高兴。其实当时四方远没有平定，杨维桢只是一种阿谀之词。因这种巾帽的名字很吉利，朱元璋立即颁令士庶一律戴这种巾式。而创制四方平定巾的这位杨铁崖老先生却因年纪太大始终未做官，后在南京住了些时日，便又回老家去了。学士宋濂在赠别诗中说他“不受帝王五色诏，白衣宣至白衣还。”，“白衣”是平民百姓的意思，是说杨维桢不慕仕途。

戴这种巾帽，服装可随意穿着，不像其他服饰那样有严格的规定。到明末，随着服装制度的衍变，这种巾帽形式也有很大变化。《阅世编》中记载：“其便服，自职官大僚而下至生员，俱戴四角方巾。……其后巾式时改，或高或低，或方或扁，或仿晋唐，或从时制，总非士林莫敢服矣。其非绅士而巾服或拟于绅士者，必缙绅子弟也。不然则医生星士相士也。”

“四方平定巾一般以黑色纱罗制成，可以折叠，呈倒梯形造型，展开时四角皆方，故称‘四角方巾’。初兴时，高矮大小适中，其后不断变化。”[①]到明末时变得十分高大，故民间常用“头顶一个书橱”来形容。

① 张秋平，袁晓黎．中国设计全集第6卷［M］．北京：商务印书馆，2012（10）：56。

朱檀九旒冕显威仪

乌纱帽在明代时被规定为官帽，成了冕服的一部分。现存于山东省博物馆的明鲁荒王朱檀九旒冕是唯一一件存世的古代冕服实物（图 1）。

所谓旒冕，指的是冕服上垂下的旒，以旒的数量区分官员等级的高低。传说中有“皇帝造冕垂旒”的说法，虽然不能考证旒冕究竟是什么时候开始有的，但孔子说过“服周之冕”的话，可以证明早在周代就已经有了相当完备的冕服制度。以后的历朝历代，统治者都非常重视象征地位和权力指向的冕服制度。朱元璋当了皇帝以后，更是强调要“复汉官之威仪”，冕服制度更加完善，在明朝统治的 200 多年中，始终保持着帝王冕冠冕服的崇高地位。货真价实的鲁荒王九旒冕，具有极高的文物价值与历史价值，同时也是能够彰显朱檀王室威仪的最有力的物证。

图 1　明鲁荒王朱檀九旒冕（山东省博物馆藏品）

这顶冕为藤篾编制，表面敷罗绢黑漆，镶以金圈、金边；冠的两侧有梅花金穿，贯一金簪。通高 18 厘米、长 49.4 厘米、宽 30 厘米。冕，是古代帝王的礼帽，只有皇帝、太子和封王才能佩戴。

据《明史》记载，明朝对冠冕有严格的礼制规定，皇帝冕前后各 12 道旒，每道旒上有赤黄青白黑共 12 颗玉珠，太子用 11 旒、11 珠，亲王只能用 9 旒、9 珠。鲁荒王的这个九旒冕前后共垂着 9 道旒，每道上 9 颗五彩玉珠，共用珠 162 颗，这和鲁荒王朱檀亲王的身份是相呼应的（图 2）。冕的顶部有綖板，綖板前圆后方，比喻天圆地方，表示博大之意；綖板上面涂着黑漆，以示庄重。板前后系垂旒，是表示帝王不视非，不视邪，是非分明。板下有玉衡，连接于冠上两边凹槽内。衡两端有孔，两边垂挂丝绳直到耳旁，至耳处系着一块美玉，好像塞住了耳朵，即所谓的充耳，寄寓帝王不听谗言，求大德不计小过之意。九旒冕为黑色，黑色是明代帽子中的流行色，与其他朝代的帽子有明显区别。

朱檀（公元 1370—公元 1390 年），又称鲁荒王，明太祖朱元璋第十子。幼时聪慧、知书达理，深得朱元璋宠爱，十九岁时服丹药毒发伤目而亡。

由于朱檀是明代第一个薨逝的亲王，对于他的陵墓如何修建的问题朱元璋费了很大心思，据说墓址是由开国元勋刘基选定的，在今天山东省邹城市城区北 12 公里处的九龙山南麓。九龙山连峰九座，由南而北逶迤如龙，荒王陵整个陵园占地 230 余亩，是罕见的明代帝王陵墓。王陵居高临下，向阳背山近水，藏风聚气。回望山川迴环，历历如画，林木葱茏，是一处风水宝地。

图 2　明朱檀墓出土文物九缝皮弁（山东省博物馆藏品）

古代中国提倡“厚葬以明孝”，历代帝王为了显示地位和尊贵，更是不惜动用大量人力、物力修建巨大的陵墓。朱檀陵园的建造，在当时实为一项浩大的系统工程。1970 年被发掘，文物主要陈列于山东省博物馆。

大明于谦两袖清风

中国传统服装的袖子很大。

古人常用袖子挥动表示动感、情绪。比如拂袖而归这一成语，表示意志已决，毫无留恋，回到家乡归隐等。元周文质《斗鹌鹑自悟》套曲中记载："您都待重裀而卧，列鼎而食，不如我拂袖而归。"。而摆袖却金比喻为人廉洁，不受贿赂，出自唐韩愈《顺宗实录》"执谊为翰林学士，受财为人求科第，夏卿不就应乃探囊中金以内夏卿袖，夏卿……摆袖引身而去。"。拂袖而去是愤怒的时候，有个大袖子可以甩。南朝宋刘义庆的《世说新语·方正》篇记载："王子敬数岁时，尝看诸门生樗蒲，见有胜负，因曰：'南风不竞。'……子敬瞋目曰：'远惭荀奉倩，近愧刘真长。'遂拂袖而去。"既有奋袂而起、投袂而起的热情，也有置身事外的袖手旁观，还有两袖清风的清廉。

于谦（公元1398—公元1457年）（图1），字廷益，号节庵，汉族，浙江杭州府钱塘县（今浙江杭州）人，明朝著名的民族英雄和诗人。

于谦少年时期即刻苦读书，志向高远。他敬仰文天祥的气节，悬文天祥像于座位之侧，几十年如一日。二十四岁中进士，不久就担任监察御史。明宣宗很赏识他的才能，破格提升他为河南、山西巡抚。明宣宗去世后，太子朱祈继位。为明英宗。当时外省官员进京朝见皇帝或办事，都要贿赂朝中权贵，否则寸步难行。于谦从外地回京时，他的幕僚建议他买些蘑菇、绢帕、线香等土特产以示孝敬。于谦

图1　于谦全身像（清上官周绘，清乾隆八年刻本《晚笑堂画传》）

甩了甩两只宽大的袖管，说："我就带两袖清风！"，回到家里，他写下了诗《入京》：

"绢帕蘑菇与线香，本资民用反为殃。
清风两袖朝天去，免得闾阎话短长。"

于谦曾取得"保卫京师"的历史功绩，"英宗正统十四年（1449），英宗为瓦剌俘去，于谦拥立景帝，击退瓦剌的侵扰，捍卫了北京，功炳史册。"[①]

但这位大臣的命运却不好，最后被诬陷，落得个斩首示众、被抄家的结果。据野史记载、于谦被抄家踏上刑场时，天气突然变得十分的阴暗，路边的百姓也失声痛哭，最为不可思议的是行刑的刽子手也陪他自杀身亡。而在整个抄家的过程中，由于于谦的家里基本上什么都没有，锦衣卫都不停地落泪。

于谦是明代一位杰出的英雄人物。他曾以诗《咏石灰》表述自己的志向。"千锤万凿出深山，烈火焚烧若等闲；粉骨碎身浑不怕，要留清白在人间。"，他光明磊落的一生，正如他诗中表述的那样，名垂千古，受人敬仰。

① 卢盛江，卢燕新. 中国古典诗词曲选粹［M］. 安徽：黄山书社，2018（7）：146.

陈继儒创眉公系列

陈继儒（公元1558—公元1639年）（图1），字仲醇，号眉公、麋公，松江华亭（今上海松江）人，明朝文学家。诸生出身，二十九岁开始，隐居小昆山，后居东佘山。关门著述，工诗善文，书法学习苏轼和米芾，兼能绘事。作品有《陈眉公全集》《小窗幽记》《吴葛将军墓碑》《妮古录》等。其中《小窗幽记》，与洪应明的《菜根谭》、王永彬的《围炉夜话》并称“处世三大奇书”。

图1　陈继儒着色像（清叶衍兰绘）

明代著名文人陈继儒号“眉公”，是一位打通江湖与庙堂的大师级人物，被封为大众偶像，创制了眉公系列作品。

陈继儒标新立异，自制新样。《梵天庐丛录》载：“陈眉公每事好制新样，人辄效法。其所坐椅曰眉公椅，所制巾曰眉公巾，所食饼曰眉公饼，……”[①]“近日友人陈眉公作花布、花缬、绫被及饼饵、胡床、溲器等物，亦以其字冠之，盖亦时尚使然。”[②]

“眉公恃才傲物，放荡不羁，是个极为潇洒之辈，当时的百姓，虽也不一味地只戴四方平定巾了，有晋巾、唐巾、宋巾、东坡巾等，眉公则统统弃之不用，

① 柴小梵. 梵天庐丛录［M］. 太原：山西古籍出版社，2000（1）.

② ［明］沈德符. 历代笔记小说大观：万历野获篇［M］. 上海：上海古籍出版社，2012（11）：560.

只取两根绢带束于顶，行走起来既简单，又飘逸风雅，更显读书人之气质，众人见状，纷纷效仿，人谓之‘眉公巾’。”[①]用两飘带束顶，于闲散中更见名士派。

另外，他所制的衣服称为“眉公布”，所坐的椅子称为“眉公椅”。民间对他很崇拜，故人们纷纷效法。

陈继儒在晚明时代地位很高，对晚明文人的创作和生活风尚有明显的影响。

① 萧盛. 大明梦华［M］. 天津：天津人民出版社，2018（7）：24.

顾氏家族创顾绣

顾绣，因起源于明代松江地区的顾名世家而得名，是江南唯一以家族冠名之绣艺流派，400 年来历经由盛而衰、消亡、重生的变迁。

《雪宦绣谱》记载："今天下称刺绣为顾绣者，以明代上海顾氏刺绣之名，震溢海内故也。上海顾氏以明嘉靖三十八年进士顾名世而始著称。名世曾筑园于今九亩地露香园路，穿池得一石，有赵文敏手篆'露香池'三字，因以名园（露香园路即为纪念此名园也）。故世称其家刺绣为露香园顾绣，或顾氏露香园绣，或简称为露香园绣。"①

"顾氏刺绣传到顾名世孙子寿潜、孙媳韩希孟时，技艺达到了顶峰。他们继承和发展了刺绣的传统绣法，又因擅长绘画，故把画与刺技融为一体，所绣的人物山水花鸟，色彩斑斓，气韵生动，被称为'画绣'。"②

韩希孟，约生活于明万历、崇祯年间，明代女工艺家。第一位顾绣大师。武林（今浙江杭州）人，一说湖南武陵（今湖南常德）人。出生大家闺秀，史称其精通六法，工书善画。嘉靖进士顾名世孙媳，顾寿潜妻。在嫁入顾家前，就能画擅绣，尤以花鸟画最长。迈进顾家大院后，对刺绣的钻研和创作的艺术追求达到了极致。她为摩绣宋元名迹，到了痴迷的程度，善画花卉，工刺绣，摹绣宋元画家真迹，最为传神，多用朱绣名款。传世作品较多，为世所珍，被称"韩媛绣"。韩希孟的代表作品是现藏于北京故宫博物院的《宋元名迹册页》（图 1）。

顾绣独到的刺绣技法主要体现在：

半绘半绣，画绣结合。顾绣以宋元名画中的山水、花鸟、人物等作为蓝本，

① ［清］沈寿口述，［清］张謇整理．雪宧绣谱（手绘彩图修订版）［M］．重庆：重庆出版社，2017（12）：196.

② 蒋炳辉．东方明珠［M］．北京：中国旅游出版社，2015（4）：86.

图 1 《韩希孟宋元名迹册：瑞鹿图》（明顾绣北京故宫博物院藏品）

绣法精致细腻，配色精妙，自然浑成。画面均是绣绘结合，以绣代画，这也是它最为独特之处。

针法多变，时创新意。顾绣的针法复杂且多变，一般有十余种针法。

间色晕色，补色套色。顾绣采用的种种彩绣线，是宋绣中所未见过的正色之外的中间色线。“顾绣”为了更形象地表现山水人物、虫鱼花鸟等层次丰富的色彩效果，采用景物色泽的老嫩、深浅、浓淡等各种中间色调，进行补色和套色。从而充分地表现原物的天然景色。

顾绣从一开始就有别于苏、粤、湘、蜀四大名绣，它专绣书画作品，成为独特的艺术。它把宋绣中传统的针法，与国画笔法相结合，以针代笔，以线代墨，勾画晕染，浑然一体。

对于顾绣，明、清时期有许多极高的评价（图 2）。例如《对山书屋墨余录》中说：“顾氏刺绣，得之内院，其劈丝配色，别有秘传，故能点染成文，作山水、花鸟、人物，无不精妙。”《南吴旧话》中说：“穷态极妍，劈丝了无痕迹。”《松江府志》

图 2　花鸟草虫图册（清顾绣北京故宫博物院藏品）

中说："顾绣斗方作花鸟，香囊作人物，刻画精巧，为他郡所未有。"

顾绣，真正以画绣闻名于世，给画绣发展以极大影响，对清代四大名绣（苏绣、粤绣、湘绣、蜀绣）也产生了积极影响。"顾绣对苏绣发展的影响尤深""正是这样的缘故，自明末起，苏绣业一直尊顾名世为祖师。清代道光年间（1821—1850），苏州刺绣业还在苏州葑门建祠堂供奉顾名世。"①

由于顾绣技艺相当复杂，新中国成立前夕，无人重视和扶植，已近于绝迹。新中国成立以后，上海市人民政府极其重视，并且找到了顾绣的老艺人，顾绣重放异彩。

① 王欣. 中国古代刺绣［M］. 北京：中国商业出版社，2015（1）：159.

李渔重服装审美

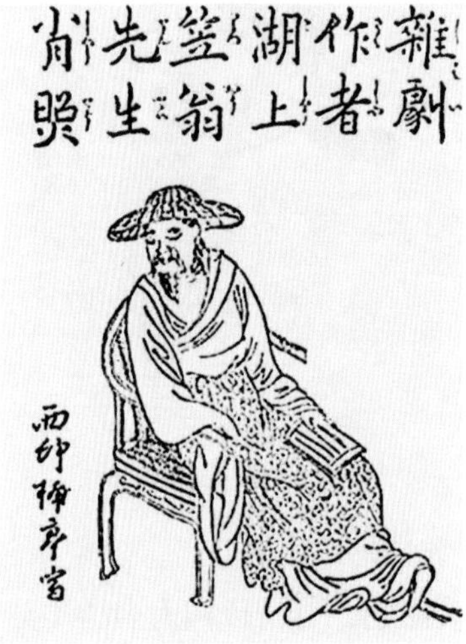

图 1　李渔画像

李渔（公元 1611—公元 1680 年）（图 1），明末清初杰出的文学家、戏剧家、戏剧理论家、美学家。“李渔是我国第一个专门从事喜剧创作的剧作家，创作有传奇喜剧集《笠翁十种曲》。他还创作了《闲情偶寄》、评话小说《十二楼》《无声戏》等作品。”①

“《闲情偶寄》是李渔的一部杂著，内容包含戏曲理论、饮食、营造、园艺、养生等，在中国传统雅文化中享有很高声誉，被誉为古代生活艺术大全。”②包括词曲、演习、声容、居室、器玩、饮馔、种植、颐养八部，共有二百三十四个小题，论及戏剧创作和表演、妆饰打扮、园林建筑、家具古玩、饮食烹调、养花种树、医疗养生等许多方面。

李渔的服装美学思想，集中地保存在《闲情偶寄》中，“治服”“修容”部分是其精华所在。③在这一部分，李渔就人们特别是妇人如何穿着打扮，有不少独到的见解。李渔竭力主张女性衣服的适身合体，他在批评衣服不适身的弊端时说：“宽者似窄，短者疑长，手欲出而袖使之藏，项宜伸而领为之曲，物不随人指使，遂如桎梏其身。”④意思是：宽大的好像太窄，短小的似乎太长，手想出来而衣袖

① 朱立春. 中国通史［M］. 北京：北京联合出版公司，2017（2）：410.

② 姜薇薇. 中国名著大讲堂［M］. 北京：中国华侨出版社，2017（6）：219.

③ 冯盈之. 成语与服饰文化［M］. 上海：东华大学出版社，2013（12）：158.

④ 鸿雁. 闲情偶寄全编（彩图全解版）［M］. 北京：北京联合出版公司，2015（1）：142.

却将它遮住，脖子应该伸直衣领却让它弯曲，物品不随人指使，就像身上套了枷锁。也就是说，衣服必须量体裁衣。衣服长短得体，穿在身上才能随人指使不至于桎梏其身，行动舒展自如。当代服装美学理论同样认为“量体裁衣”是服饰适体美的最基本原则。

李渔认为肌肤身材条件并不十分理想的人，“即当相体裁衣，不得混施色相。相体裁衣之法，变化多端，不应胶柱而论，然不得已而强言其略，则在务从其近而已。面颜近白者，衣色可深可浅；其近黑者，则不宜浅而独宜深，浅则愈彰其黑矣。肌肤近腻者，衣服可精可粗；其近糙者，则不宜精，而独宜粗。精则愈形其糙。”对于那些天生丽质的人来说，无论衣服深浅精粗，穿在他们身上，总有良好的效果，“大约面色之最白最嫩，与体态之最轻盈者，斯无往而不宜；色之浅者显其淡，色之深者愈显其淡；衣之精者形其娇，衣之粗者愈形其娇。”

一件衣服要想取得好的效果，关键就要“相体裁衣”，要使服装与穿着者尽可能保持协调，才能收到显长藏拙的效果。否者，非但收不到美化效果，反而适得其反，丑化自己。李渔说：“然人有生成之面，面有相配之衣，衣有相配之色，皆一定而不可移者。今试取鲜衣一袭，令少妇数人先后服之，定有一二中看，一二不中看者，以其面色与衣色有相称不相称之别，非衣有公私向背于其间也。使贵人之妇之面色，不宜文采，而宜缟素，必欲去缟素而就文采，不几与面为仇乎？故曰不贵与家相称，而贵与貌相宜。”李渔强调服装的选配，要讲究切合自身的外貌条件，只有和谐得体，才会相得益彰。

李渔讲究美容美饰，并不主张追逐时尚，而是讲究因人而异，各造千秋。关于饰品，他认为：“珠翠宝玉，妇人饰发之具也，然增娇益媚者以此，损娇掩媚者亦以此。所谓增娇益媚者，或是面容欠白，或是发色带黄，有此等奇珍异宝覆于其上，则光芒四射，能令肌发改观，”[①]又说：“一时风气所趋，往往失之过当。非始初立法之不佳，一人求胜于一人，一日务新于一日，趋而过之，致失其真之弊也。”“凡为西子者，自当曲体人情，万勿遽发娇嗔，罪其唐突。”。李渔能够以人为本，合理阐述美的个体性，引导女性追求适合自己个体特征的健康、独特的容饰之美，是难能可贵的。

① 鸿雁．闲情偶寄全编彩图全解版［M］．北京：北京联合出版公司，2015（1）：143.

曹雪芹绘红楼服饰

图 1　曹雪芹像

曹雪芹（约公元 1715—约公元 1763 年）（图 1），名霑，字梦阮，号雪芹，又号芹溪、芹圃。曹雪芹出身清代内务府正白旗包衣世家，是江宁织造曹寅之孙，曹頫之子（一说曹頫之子）。他素性放达，爱好广泛，对金石、诗书、绘画、园林、中医、织补、工艺、饮食等均有研究。他以坚韧不拔的毅力，历经多年艰辛，终于创作出极具思想性、艺术性的伟大作品——《红楼梦》。

《红楼梦》有“中国古代的百科全书”之誉，几乎囊括了中国文化的重要内容。

“《红楼梦》是一部集中国古代服饰之大成的小说。其服饰描写之丰富、具体、翔实、真切、生动、富有艺术魅力，是任何其他作品都无法比拟的。”[①]其中《红楼梦》中荟萃的丝绸品种最少也有十多种，主要有缎、锦、纱、绸、绢、绫、纨、绉、妆花等，而妆花则是云锦中最为名贵的品种。

所以对红楼梦服饰文化研究也很多。浙江纺织服装职业技术学院特聘教授季学源老先生有专著《红楼梦服饰鉴赏》。全书分成四个部分：第一部分为《红楼人物服饰形象》，分析了重要人物的服饰形象；第二部分为《布帛衣冠》分析了面料、衣冠、刺绣；第三部分为《首饰佩件》研究了首饰、佩件、化妆；第四部分为《其他》分析了《红楼梦》中的爱情信物、引用的服饰诗文等。该研究“力求将叙、考、注、论和 鉴赏熔于一炉，即将散布于全书中有关服饰的情节和重要细节，按先后顺序加以梳理、叙述；对服饰的重要名称、技艺，进行必要的诠

① 沈炜艳.《红楼梦》服饰文化翻译研究［M］. 上海：中西书局，2011（12）：8.

释、考证，明其源流，显示《红楼梦》集历代服饰大成之意义”。[①]

《红楼梦》中对于女性衣着的描写非常精细，特别是对王熙凤服饰描写。《红楼梦》第三回林黛玉进贾府（图 2），有一段关于王熙凤服饰的集中描写：

一语未了，只听后院中有人笑声，说："我来迟了，不曾迎接远客！"黛玉纳罕道："这些人个个皆敛声屏气，恭肃严整如此，这来者系谁，这样放诞无礼？"心下想时，只见一群媳妇丫鬟围拥着一个人从后房门进来。这个人打扮与众姑娘不同，彩绣辉煌，恍若神妃仙子：头上戴着金丝八宝攒珠髻，绾着朝阳五凤挂珠钗；项上带着赤金盘螭璎珞圈；裙边系着豆绿宫绦，双衡比目玫瑰佩；身上穿着镂金百蝶穿花大红洋缎窄裉袄，外罩五彩刻丝石青银鼠褂；下着翡翠撒花洋绉裙。一双丹凤三角眼，两弯柳叶吊梢眉，身量苗条，体格风骚，粉面含春威不露，丹唇未启笑先闻。

图 2　贾宝玉初会林黛玉(《清 · 孙温绘全本《红楼梦》)

这里的"金丝八宝攒珠髻"，是用金丝穿绕珍珠和镶嵌八宝和玛瑙、碧玉等料制成的珠花的发髻饰。一般说,用金丝或银丝把珍珠穿纽成各种花样的叫做"攒

① 季学源. 红楼梦服饰鉴赏［M］. 杭州：浙江大学出版社，2012（2）.

珠花”。“朝阳五凤挂珠钗”是一种长钗，样子是一支钗上分出 5 股，每股一只凤凰，口衔一串珠滴，属于步摇一类。璎珞圈即金项圈，“盘”是纹样。“双衡比目玫瑰佩”是一件以“璜”式的具有玫瑰色的玉佩饰。说“身上穿着镂金百蝶穿花大红洋缎窄银袄，外罩五彩刻丝石青银鼠褂”，袄是有衬里的上衣，比襦长比袍短的一种冬衣，窄，可以显示身材纤细，“镂金”指以金线绣成的绣品；这里的“刻丝”，也作缂丝，是用通经断纬的方式织成的，很费工。是说衣面为五彩缂丝，衣里为银鼠皮。从“洋缎”“洋绉”的叫法看，是清代人所惯用的，应是泛指外国产或外国风格的。王熙凤的这身装束基本上可以代表明末清初贵族妇女的穿着。

《红楼梦》中，贾宝玉服装斑斓多彩，其中以暖色调的大红色为主。而对红色外罩的应用，其实也是高贵与正统的代表，并以此显示贾宝玉在贾府正统继承人的高贵身份，以奢华名贵的衣料，显示其与庶出的贾环身份地位的区别。

《红楼梦》里的人物服饰，除了点明人物身份外，更是渲染烘托了人物的性格，对人物塑造起到了不可替代的作用。

福康安喜好深绛色

图1　福康安像（清叶衍兰绘）

福康安（公元1754—公元1796年）（图1），满洲镶黄旗人，是清朝乾隆年间名将、大臣。

福康安是经略大学士傅恒的第三子，又是乾隆帝嫡后孝贤皇后的侄子。因为是富察家族的子孙，乾隆帝在他身上看到了自己早殇嫡子端慧皇太子永琏和皇七子永琮的影子，皇帝便把富察氏的嫡侄接入宫中亲自教养，待之如同亲生儿子。

福康安历任云贵、四川、闽浙、两广总督，官至武英殿大学士兼军机大臣。如此人物，加上中国人一直向往的“福”字。于是，福康安自然成为了那时引领时尚的领袖。

福康安喜欢深绛色，惹得世人争相效仿（图2、图3）。乾隆晚期流行其所穿的深绛色，时人称为“福色”。“深绛色到了清乾隆后期被推崇为‘福色’，所以流行深绛色的马褂”，[①]清代昭梿所作的笔记《啸亭杂录》中载：“乾隆中尚玫瑰紫，末年福文襄王好着深绛色，人争效之，谓之‘福色’”。[②]

又有清李斗《扬州画舫录》云：“扬郡着衣尚新样，近用高粱红、樱桃红，

① 黄仁达．中国颜色［M］．上海：东方出版社，2013（6）：25.

② ［清］昭梿撰．啸亭杂录续录［M］．上海：上海古籍出版社，2012（11）：322.

谓之福色，以福大将军征台匪时过扬著此色也。[1]说的是乾隆年间，福康安征台湾，经过扬州，身着樱桃红缎装，风靡一时。后世称高粱红、樱桃红为“福色”。

福康安好穿深绛色服饰，人言之为福色，因为福字，一语双关，都愿有福。上有所好，下必甚焉，故当时的贵族、民间也争效其色，都要做件“福色”袍子穿，以借福音。

图2　绛色八吉祥纹暗花罗纹缎（清道光北京故宫博物院藏品）

图3　绛色绸绣浅彩寿山福海纹氅衣料（清光绪北京故宫博物院藏品）

① 岂水. 一梦千寻：历代笔记中的风俗谣言［M］. 北京：中国和平出版社，2014（3）：169.

周寿昌旧衣念慈亲

周寿昌（公元1814—公元1884年），清代诗人，史学家，长沙县（今湖南长沙）人。字应甫，一字荇农，晚号自庵。道光二十五年进士，由编修累迁内阁学士兼礼部侍郎。诗、文、书、画，俱负重名（图1）。著有《思益堂集》《汉书注校补》。

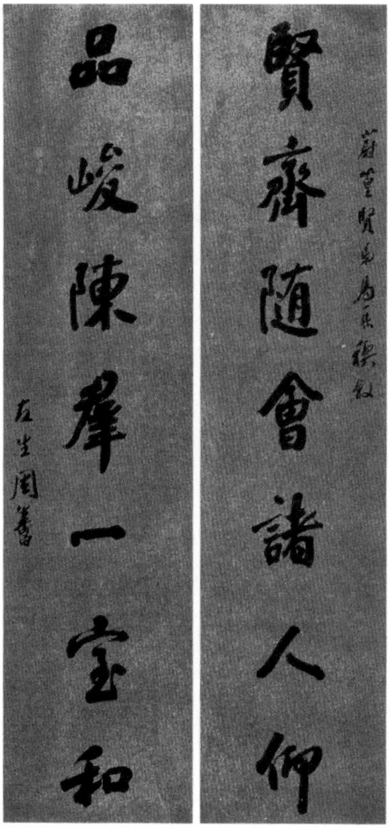

图1　周寿昌书法作品

周寿昌有一首七绝《晒旧衣》：

卅载绨袍检尚存，
领襟虽破却余温。
重缝不忍轻移拆，
上有慈亲旧线痕。

诗虽短小，却道出了人们共同的感受。我们当中可能因为同窗之谊，保存着一件小礼品、一本书。因为师生之情，保存着一张贺卡、一封信，即使几经动荡、几经曲折，也舍不得丢弃。你可能还保存着一件有特殊意义的衣服？是的，肯定会有，哪怕旧了、破了，也视如珍宝。这一切都是因为什么？因为情！尤其是刻骨铭心的永远的思母情怀。

《晒旧衣》不就是道出了每个人都有的思念母亲的情怀吗？

“卅载绨袍检尚存，领襟虽破却余温。”诗人明明年年月月思念着慈母，却用“检尚存”来表达，好像非常偶然，日常“晒旧衣”时看到了这件衣服，似乎是轻描淡写的。难道诗人不知道有这件衣服存在吗？肯定不是，实质上，是诗人太想了，以至于他不敢想，不敢写心头这份切切的思母情绪和沉甸甸的母爱。30年过去了，母亲对儿子的关怀和温暖始终存在。抚摩着破旧的领襟，仿佛又依偎在母亲身边，受到母亲的抚爱了。诗人任自己的情绪放纵，再一次享受人间至爱。我们也仿佛看到了此时诗人隐忍的泪水。

“重缝不忍轻移拆，上有慈亲旧线痕。”怎么忍心“移拆”呢？哪怕是轻轻的、轻轻地拆。这上面有母亲“密密缝”的线痕，也有母亲满腔的爱意，还有自己无穷的思念！不尽的思绪、永恒的母爱似密密的线痕绵延30年，直至永远。诗人欲拆又止，我们仿佛看到了此时诗人已泪流满襟。

“写母亲的爱是用不着华丽的辞藻的。这首诗语言朴素、自然，平易近人，明白如话，像‘重缝不忍轻移拆’一句简直如叙家常。取材也是平常的，是一件不起眼的旧衣服，是人人都能遇到的家常事——晒旧衣；表达的情感却深挚、悠远，富有感染力，耐人寻味，令人久久难忘——思母的情怀是永远的。”①

① 冯盈之. 实用大学语文［M］. 北京：北京交通大学出版社，2006（6）：88.

沈寿自创仿真绣

沈寿（公元1874—公元1921年）（图1），本名沈云芝，江苏吴县人。

刺绣是在绸缎、麻葛、布帛等底布上，借助银针的穿引，将彩色的丝、绒、棉线等连成寓意不一的花纹、图案或文字，这不单要眼明手疾，还得针脚均匀、填色准确，几乎没有修补之余地，其精细非平常女人所能及也。中国的刺绣历史悠久，它集合了多少代绣女们的智慧，才形成了如今的四大名绣——湘绣、蜀绣、苏绣和粤绣。

让中国的刺绣艺术走上世界舞台的，是被清末著名学者俞樾喻为“针神”的女红艺术大师沈寿。“其贡献为绣品出众，博誉四海；创仿真绣，开辟新途；教绣多年，传艺天下；总结绣谱，流传后世。”①

作为姑苏女子，她七岁弄针，八岁学绣，十六七岁便成了有名的刺绣能手，后与书画家余觉结为伉俪，从此绣艺更为精进。20世纪初，慈禧太后七十寿辰，沈寿绣《八仙上寿图》八幅景屏献上，深得慈禧之欢，誉为压倒宫内所有绣品，特赐“福”“寿”两字给他夫妇，她遂更名沈寿。并任命其为清宫绣工科总教习。

图1　沈寿像

沈寿自创了“仿真绣”，在中国近代刺绣史上开拓了一代新风。

“仿真绣”，亦称“美术绣”，其讲究“循画理，师真形”，注重仿真肖神、阴阳向背、色彩运用等表

① 林锡旦. 博物指间苏州-刺绣-苏州典范［M］. 苏州：古吴轩出版社，2014（12）：124.

现手法，在视觉上给人真实的效果。因其开创人沈寿悟出日本美术绣的表现手法，通过革新传统刺绣的材料——丝线以及绣法，融合西画用外光来表现物体的明暗，使刺绣画面富有立体感，表现出油画浑厚逼真的效果，创造了具有独特风格的“仿真绣”，开创了苏绣的新纪元，使中国刺绣艺术蜚声海外。[①]

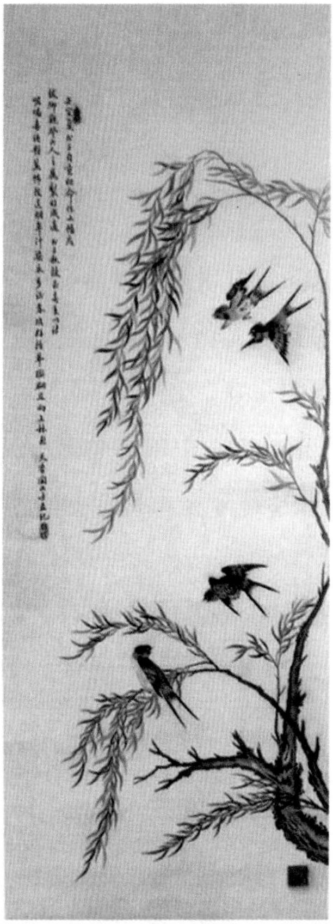

图 2 《柳燕图》（局部）（清 沈寿刺绣作品，图中绣一对比翼双飞的小燕子在迎风飘摇的柳枝间嬉戏。下方是另一对燕子，它们一只栖立于柳枝上，一只在鸣叫着飞翔。北京故宫博物院藏品）

而将“女红”艺术升华为理论的人，则是清朝末代状元、中国近代著名的实业家、教育家张謇。1914 年，张謇在江苏南通创办了女红传习所，沈寿应聘到南通，担任了所长兼教习，培养了许多苏绣人才。张謇为沈寿办学创造了许多有利条件，因为“惧其艺之不传”，张謇还亲自动手记录、整理了沈寿的刺绣艺术经验，写成了《雪宧绣谱》一书，全书分绣备、绣引、针法、绣要、绣品、绣德、绣节、绣通，共 8 章。是我国第一部系统总结苏绣艺术经验的专门著作。

沈寿一生的绣品甚多。现存代表作有《樱花栖霞》《荻丛鹭鸶》《济公爱酒图》（苏州博物馆藏）、《龙》《罗汉像》《山水风景》《牧羊图》等，山水、人物、花鸟无不精美。其中上海博物馆藏有沈寿的留世作品《荻丛鹭鸶》《樱花栖霞》，以国画为绣稿，绣面上有“吴县天香阁女士沈寿”印章。南京博物院藏有《罗汉》4 幅，《观音像》1 幅，《红鸟翠柳》刺绣 1 幅。南通博物馆藏有《观音像》《山水风景》《蛤蜊图》《牧羊图》。北京故宫博物院藏品《柳燕图》是她早期的代表作（图 2、图 3）。

① 阮怡帆. 近现代工艺美术研究［M］. 南京：东南大学出版社，2018（10）：40.

图 3 《柳燕图》(局部)(清沈寿刺绣作品，北京故宫博物院藏品)

肆

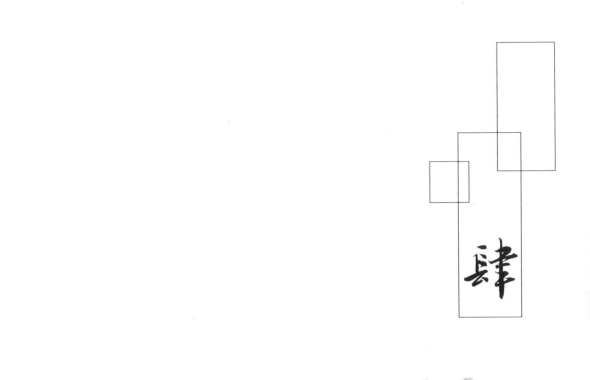

严信厚创机器轧花

图 1　严信厚像

严信厚（公元 1828—公元 1906 年）（图 1），字小舫，浙江慈溪费市（今浙江宁波）人。早年就读私塾，后在宁波恒兴钱店当学徒，继供职于上海宝成银楼，好学上进，为店主胡光墉（胡雪岩）赏识。曾创办过中国第一家银行（中国通商银行）、第一个商会（上海商业会议公所）和第一批工厂（通久源机器轧花厂、通久源纱厂等），是中国近代企业开拓者，“宁波商帮”的开路先锋，于民族实业有诸多贡献。同时他十分热心社会公益事业，如捐款修筑宁波铁路，设立义田、义学及医疗机构等，对培养人才和兴办教育亦卓有贡献。严信厚也是位书法家和画家，工书法擅绘画。

他投资兴办过近代中国第一家机器轧花厂。1840 年鸦片战争后，宁波被辟为全国“五口通商”的口岸之一。洋货充斥宁波市场，一斤洋纱几乎等于一斤棉花的价值，使当时的宁波“巡行百里，不闻机声”，手工棉纺织业受到沉重打击。

为改变这种被动局面，1887 年，严信厚联络专做日本生意的新生泰洋布店老板汤仰高，集资 5 万银两，在江北湾头建成通久源轧花厂。刚建立时，设备有轧花机 40 台（日本货）。一年后改用蒸汽机，聘来了日本技师，拥有三四百雇佣工人。利用慈溪、余姚一带出产的棉花，全年日夜进行生产。通久源机器轧花厂不仅是宁波第一家近代工厂，更是中国第一家机器轧花厂。

1894 年，严信厚又拉股集资，共凑得 45 万元，实缴为 30 万元，在轧花厂的基础上创设通久源纺纱织布局，是中资中首家使用动力机的近代纺织企业，浙江省最早的一家纱厂，产品行销一时。股东有汤仰高、戴瑞卿、周熊甫等上海、宁波的一些巨商富绅。经过两年的筹备，到 1896 年，这个拥有 11 000 多枚纱锭、230 部布机的纺织厂就正式投入了生产。龙门牌棉纱畅销宁波、绍兴、温州、福建等地，每年都获得很大的利润。设备也陆续增加，不几年就又扩大了 6 000 纱锭。

"通久源纱厂的建立，震动很大。当时英商《捷报》报道，宁郡通久源厂开设后，规模不断扩大，原招女工不敷工作，又造 40 余间宿舍以招募女工，近日女工向该厂报名者颇多。"①可见，19 世纪末期，通久源纱厂兴旺发达之程度了。

随着帝国主义不断对中国的经济侵略，我国的民族工业受到排挤与打击，红了几年的通久源纱厂开始冷落了。到了 1917 年，通久源纱厂因清花间起火，全厂遭焚。严信厚的儿子严渔三，认为复厂还不如卖掉合算，这正投合了当时竞争对手和丰纺织厂股东顾元琛、戴瑞卿的心愿。他们为了不再出现竞争对手，于 1918 年以 24 万元的代价把通久源火后设备，连同以前用于"包围"和丰的九十亩地皮全部买了下来。从此，通久源轧花厂成为历史陈迹了，和丰纺织股份有限公司就代替了通久源的地位。

① 秦亢宗. 1843—1949—流金岁月—上海名商百年史话［M］. 上海：东华大学出版社，2014(9).

袜业始祖余乾初

余乾初，生卒年不详，出身于世代做官的家庭，父亲是清末政府的外交官。他幼年时随父母在伦敦和巴黎生活。他母亲曾对当地妇女穿着袒胸露背的服饰，特别是上层贵族女士、达官夫人穿着的长筒丝袜，羡慕不已。余乾初年纪虽小，但已懂得母亲的想法。他曾向母亲表示，等他长大后，要生产长筒丝袜给母亲穿。

为了承诺少年时的愿望，长大成人的余乾初瞒着父母，只身来到上海闯荡。他凭借仅有的 100 元银元，在宝善街（今上海市黄浦区广东路）开办了一家洋广杂货店。据《上海通志》记载："清道光三十年（1850 年），广东余乾初在棋盘街开设广兴祥洋广杂货店，经营洋巾、洋袜、洋纱团等。"[①]，不久迁到界街（今河南中路），门面扩至双开间。后受火灾，同治五年（1867 年）再迁三马路（今汉口路），改名"广升祥"，资本扩充至 8400 两银，零售兼批发，向各地客帮供货，月营业额约 1000 两银。

图 1　南洋袜厂股份有限公司广告（资料图片）

在销售从香港等地英商洋行处批发来的洋袜的同时，余乾初还在业余时间学习织袜技术等。经过一定时间的资金积累后，1916 年 10 月，年逾古稀的余乾初利用部分盈余资金 300 银元，在宝善街 366 号正式创办南洋袜厂（即之后的工厂总号）（图 1），并使用"南洋群岛"作为自

① 中共上海市委组织部，中共上海市委宣传部，上海市地方志办公室. 上海通志干部读本［M］. 上海：上海人民出版社，2014（6）：282.

己的产品商标名称（图 2）。除了大量生产标准型号的丝袜、线袜外，该厂还能根据一些顾客的特殊脚形，生产出不同型号的袜子。尤其是特种脚型的袜子，应有尽有，品种达 1000 多种。这在当时世界针织袜的生产是独一无二的，因而，余乾初被时人誉为“袜子大王”。

图 2　群岛牌商标

清末民初，社会上广大妇女缠小脚的现象比较普遍。南洋袜厂能生产出“三寸金莲”的小脚袜，深受广大女性顾客的喜爱。其中，还有很多社会名流夫人等。我国著名语言学家、北京大学教授辜鸿铭先生，曾千里迢迢专门从北京来上海，为夫人在南洋袜厂常年定制丝袜、纱袜等各种质地的袜子。

南洋袜厂还设立产品加工改制业务。如有些女顾客爱穿绣花袜，就在素袜上绣花；需要小脚袜，就将大袜用成衣车改成小号的。同时“重视经营信誉，规定凡是该店出售的衫袜发现质量有问题，可以调换；如已穿过，可免费修理。既经营高档商品，也供应普通货，并常年设置醰价品专柜，还注意商品花色品种的更新，及时陈列出样，吸引顾客。”①

在袜子颜色上，也打破市场上只有黑、白、灰三个颜色的局限，先后生产了藏青、红、黄等多个颜色的产品来供应市场需求。仅灰色的就有浅灰、中灰、深灰、铁灰和豆灰等近十个品种。这样，南洋袜厂初步形成了以生产各种袜子为主的经营特色，产品也完全打开了销路，深受消费者欢迎。

为了保证货源，1924 年，南洋袜厂在南京路盆汤弄口开设大东袜厂，生产多福牌袜子。随后于 1927 年在南京东路 558 号开设南洋袜厂南号。1938 年在法大马路（现金陵东路）又开设了大东袜厂东号及勤兴袜衫厂，生产 120 支黑猫牌麻纱袜。

以后，南洋的股东和经理进一步把广升祥，南洋袜厂总号、南号，大东袜厂总号、东号和勤兴袜衫厂六个股东企业联号，建立六合公司，增强对袜衫经营的

① 上海经济编辑部. 上海经济1949—1982［M］. 上海：上海人民出版社，1983（8）：1068.

整体优势。当时，在市民中有“要买衫袜到‘六合’”的赞誉。[①]

余乾初先生晚年培养自己学生张劭棠，将南洋袜厂一步步做大、做强。1918年初，上海市场上又出现了日本生产的长袖汗衫，非常好销。张劭棠看准商机，把南洋袜厂使用的织袜机械设备，改制成汗衫织造设备，根据时节变化生产出短袖汗衫，在广升祥广货号内销售，一下子风靡全市。随着袜子、汗衫品种的增多，南洋袜厂的群岛品牌的名声也是越来越大。

1945年8月抗战胜利后，受国内城乡各地的小型袜厂，以及美货玻璃丝袜倾销的冲击，南洋袜厂所属的六合公司各种产销业务停滞不前。经理张劭棠因对国内形势的发展掌握不透，便携妻儿去了香港，而六合公司也因此陷于困境。

上海解放后，南洋袜厂积极参与国内市场竞争。20世纪50年代初，根据市场需求，研制开发了有助于静脉曲张治疗的“南洋群岛”牌医疗袜，并一度成为南洋袜厂独家经销的拳头产品。1954年，南洋袜厂改名为南洋衫袜百货股份有限公司。1955年底，南洋衫袜公司进行公私合营。

① 张庶平，张之君. 中华老字号（第1册）［M］. 北京：中国轻工业出版社，1993（6）：52.

林启创办蚕学馆

图 1　林启像

林启（公元 1839—公元 1900 年）（图 1），字迪臣，福建侯官（今福建福州）人。清光绪二年（1876 年）进士。1896 年起任杭州知府，“兴办蚕学馆（今浙江丝绸工学院和绍兴地区农校蚕科的前身），是中国的纺织教育事业之父。”[①]他还创建求是书院（今浙江大学前身）、养正书塾（今浙江省杭州一中前身），开创了杭州近代教育的先河，对中国的教育事业起了积极作用。

林启极力主张以蚕丝为先振兴中国实业。1897 年，他于西湖金沙港创办中国第一所蚕丝学校——蚕学馆，“这是浙江兴办蚕丝教育的开始，也是我国最早的蚕丝教育机构。”[②]林启自己兼总办，招收学员授以栽桑、养蚕、制丝等课程。蚕学馆的历届毕业生此后在全国各地兴办起一批蚕丝学校。杭州人士在西湖孤山放鹤亭旁建立林社来纪念他（图 2）。

蚕学馆课程有物理学、化学、植物学、动物学、气象学、土壤学、桑树栽培法、蚕体生理法、蚕体解剖法、蚕儿饲养法等，注重实验。学生额定三十名，学制三年，毕业生发给执照，准其充各处教习。

后来又采纳罗振玉等建议，曾先后派嵇侃（慕陶）等赴日本学习养蚕，制种新法；派毕业生方志澄、朱显邦赴日学习养蚕、制丝。辛亥革命后，又由省选派

① 朱利荣. 图丝绸之路［M］. 北京：中国科学技术出版社，2016（4）：192.

② 中国近代纺织史编辑委员会. 中国近代纺织史1840—1949［M］. 北京：中国纺织出版社，1997.

图2　林社

毕业生周继先到意大利学习蚕丝；曾汉青、朱新予、徐淡人等先后到日本学习蚕丝。

蚕学馆的创办不仅为中国的蚕桑业培养了大量人才。还在研制优良蚕种、推广科学养蚕技术、传授新法缫丝、编译出版介绍蚕丝科技知识的书籍等方面做了大量工作。学生学成即分带仪器，派往各县并嘉湖各府，劝立养蚕公会，推广桑蚕养殖新技术。不但对本省蚕丝事业的改进和发展起了一定作用，其影响也遍及全国和国外。“从成立到1943年止，历届毕业生共为1164人。学生籍贯及毕业生从事蚕丝工作地点几遍布全国。”①,对全国蚕桑丝绸业的发展作出了重要贡献。

宣统元年，朝廷谕旨，将蚕学馆改建为浙江高等蚕桑学堂，是中国最早开办的大学之一。

①　中国纺织科学技术史编委会. 中国纺织科技史资料第4集[M]. 北京：北京纺织科学研究所，1981(3)：39.

张謇创办南通纺专

图 1　张謇

张謇（公元 1853—公元 1926 年）（图 1），字季直，号啬庵，江苏通州人，曾经获得封建科举中的最高荣誉一状元称号，被授予翰林院修撰之职。“中国近代著名的实业家、教育家，主张‘实业救国’，也是中国棉纺织领域早期的开拓者。他创办的中国第一所纺织专业学校，开创中国纺织高等教育的先河。同时首次建立棉纺织原料供应基地，进行棉花改良和推广种植工作。他以家乡为基地，努力进行发展近代纺织工业的实践，为中国民族纺织业的发展壮大做出了重要贡献。一生创办了 20 多个企业，370 多所学校，为我国近代民族工业的兴起，为教育事业的发展做出了宝贵贡献。”①

“1895 年秋，他筹办了大生纱厂（图 2），开始了从士大夫向实业家的转变。辛亥革命后，张謇接受孙中山的任命，担任实业部总长兼两淮盐政总理。后来他因反对袁世凯称帝而辞掉所有职位，回到南通故里，继续从事实业、教育、文化事业。”②

南通纺织专门学校于 1912 年创办，初名纺织染传习所。1913 年迁入大生纱厂南面之新校舍后改名。“1917 年向教育部辽案，1927 年改名南通纺织大学，招收大学本科生，1928 年并入南通大学，1930 年改南通学院纺织科。”③（图 3、图 4）

① 刘本旺. 参政议政用语集修订本［M］. 北京：群言出版社，2015（1）：363.

② 刘宝恒. 青年人必知的中国名人［M］. 长春：吉林大学出版社，2004（3）：71.

③ 本书编委会编，教育大辞典10：中国近现代教育史［M］. 上海：上海教育出版社，1991（7）：164.

图 2　大生纱厂厂门

图 3　南通纺织专门学校

南通纺织专门学校分四学级，招收 16~20 岁身体强健之中学毕业生，修业年限 4 年。学习科目除基础课外，有机织、织物组合，织物分析、棉纺学、染色学、电气工学、工厂建筑、工业经济、实习等。学生毕业后，先进大生纺织公司和本校选任，定服务期 3 年，服务期未满，不得私就他聘。1914 年学校向国外定购机器，设纺纱、机织两实习工场，供学生轮流实习。毕业生以基础知识扎实，动手能力强而称誉纺织界。校长始终由张謇兼任。

“南通纺织专门学校是中国企业办高校的一个范例，也是一个在中国教育史上产生深远影响的成功范例。”“不仅开辟了厂办大学的新路子，而且还尝试了学校办厂，这在中国的教育发展史上也是史无前例的。”①

① 张廷栖. 张謇研究文稿［M］. 苏州：苏州大学出版社，2015（11）：150.

为培养多方面人才以振兴实业达救国之目的，张謇还创办了女红传习所。1914年9月28日，南通女红传习所开学。由张謇与其兄张謩任董事，特将沈寿从天津聘来任所长。

图4　南通大学纺织科

荣氏兄弟建申新

图 1　荣宗敬像

荣宗敬（公元 1873—公元 1938 年）（图 1），名宗锦，字宗敬，江苏省无锡荣巷人。荣德生之兄，中国近代著名的民族资本家。早年经营过钱庄业，从 1901 年起，与荣德生等人先后在无锡、上海、汉口、济南等地创办保兴面粉厂、福兴面粉公司（一、二、三厂）、申新纺织厂（一至九厂）。生前撰有《实业救国刍议》《救济纱厂之管见》《兵工刍议》等著作。

图 2　荣德生像

荣德生（公元 1875—公元 1952 年）（图 2），名宗铨，字德生，号乐农氏居士，江苏无锡人。中华人民共和国原副主席荣毅仁之父，民族工业巨擘荣宗敬之胞弟，是中国民族资本家、慈善家、民族实业家，著《乐农氏纪事》。荣德生从事于纺织、面粉、机器等工业垂 60 年，历经帝国主义、封建主义、官僚资本主义的反动统治和压迫，与兄荣宗敬共享“面粉大王”“棉纱大王”的美誉。曾任北洋政府国会议员、国民政府工商部参议等职 。

荣宗敬、荣德生兄弟于 1915 年在上海创办申新第一纺织厂（图 3）。经过艰苦创业，到 1931 年，先后在上海、无锡、汉口等地创设了 9 家纺织厂。在十六年中，申新纺织从 1 家厂扩大到 9 家。

其中上海有 7 家。抗战前夕共拥有纱锭 57 万枚，布机 5 300 台。资产达 7 千余万元。以荣氏家族为中心的申新纺织公司，是当时棉纺织业中规模最大的民族资本集团。

图 3　申新纺织企业工厂照片（上海档案信息网）

1915 年，荣氏兄弟集资 30 万银元在上海创办申新纺织无限公司，建立申新纺织第一厂（简称申新一厂），荣氏兄弟占股 60%，由荣宗敬任总经理。1917 年，购进上海恒昌源纱厂，两年后，扩建为申新二厂。1920—1921 年，又分别在无锡建立申新三厂，在汉口建立申新四厂，并联合同业，在上海开办华商纱布交易所，申新人钟牌棉纱定作标准纱。荣氏创业，铢积寸累，化利为本。与股东相约，三年不分红，股利亦存厂生息。至 1922 年，申新纺织公司资本已达 300 万银元，其中 230 万银元都是历年红利转入。1925 年，申新纺织公司又购进德大纱厂，成立申新五厂，并租办常州纱厂改名为申新六厂。1929 年，购进上海东方纱厂成立申新七厂。同年，为生产细支棉纱，兴建 4 万新锭的申新八厂。1931 年，购进前身为上海机器织布局的三新纱厂，成立申新九厂。后又购进上海厚生纱厂，补足因常州纱厂租期届满而空缺的申新六厂。

“1932 年底，申新 9 个纺织厂布局大体就绪，共有纱锭 52.16 万枚，线锭 4 万枚，布机 5 357 台，工人 31 700 人，年产棉纱 30 万件，棉布 280 万匹，资本总额增至 3 400 万元，成为民族资本中最大、发展最快的纺织企业集团。至 1936 年已拥有纱锭 57 万枚，布机 5 300 余台，分别占全国民族资本纺织业的 20.8%

图 4　人钟牌商标（同上）

图 5　人钟月刊（同上）

及 20.7%，占全国纺织业（包括外资）的 11.2% 及 9.1%。”[1]

申新各厂出品的“人钟牌”棉纱，质量上乘，广受欢迎，畅销国内市场，为荣氏兄弟赢得“棉纱大王”的美誉。[2]人钟牌棉纱是申新纺织厂注册的产品商标。它是我国商标史上第一件棉纱注册商标（图 4），也“是当时上海棉纱交易所的标准纱。”[3]

申新系统重视培养人才，钻研技术。20 世纪 30 年代初，公司创办《人钟月刊》（图 5），以介绍国内外纺织生产技术、市场经营策略等为内容，经常发表申新技术人员关于改革技术经验的文章，为申新培养了众多的技术力量。

1949 年初荣德生反对逃资迁厂，使绝大多数的装备都完整地保存下来，并且连续运转至解放。

1955 年 9 月 28 日，申新纺织印染股份有限公司正式宣布公私合营。经过清产估价，上海申新一厂（纬昌并入）、二厂、五厂、六厂（三明并入）、九厂及相关的中华第一棉纺针织厂、鸿丰纱厂资本总额为 6400 万元，占上海全行业合营厂总资本额的 47.32%。

1986 年 6 月，邓小平说：“从历史上讲，你们荣家在发展我国民族工业上是有功的，对中华民族做出了贡献。”[4]

① 中国近代纺织史编委会. 中国近代纺织史下卷（1840—1949）［M］. 北京：中国纺织出版社，1997（10）：208.

② 朱典淼. 名流世家［M］. 安徽：安徽师范大学出版社，2018（8）：278.

③ 王玉德. 商海智慧长江流域的儒商与策划［M］. 武汉：长江出版社，2013（7）：245.

④ 阴岭山. 无锡名片［M］. 江苏：南京出版社，2014（4）：168.

都锦生丝织风景

图 1　都锦生像

都锦生（公元 1897—公元 1943 年）（图 1），号鲁滨，出生于杭州西湖茅家埠，是中国著名的丝织革新家和爱国实业家。1919 年，毕业于浙江省甲种工业学校机织专业的都锦生，用手拉机亲手织出我国第一幅机器织锦风景画《九溪十八涧》。

1922 年 5 月 15 日，都锦生以自己的名字命名，在杭州西湖茅家埠家中办起都锦生丝织厂。1926 年，都锦生已拥有手拉机近百台，轧花机五台，意匠八人，职工约一百三四十人，成为名副其实的织锦工厂。当年"都锦生丝织厂生产的一幅明代唐伯虎古画织锦《宫妃夜游图》在美国费城国际博览会上获金奖，声名鹊起。"①一时蜚声中外，远销南洋和欧美等地。1929 年，都锦生参加第一届西湖博览会，五彩锦绣织锦荣获特等奖，织锦领带荣获优等奖。自此，织锦又在杭州开始传播，织锦产业也得到了一定发展。1931 年，都锦生又试制第一把竹骨西湖绸伞获得成功（图 2）。

图 2　都锦生竹骨绸伞广告

"1937 年杭州沦陷后，都锦生将部分织机迁到上海法租界继续生产。

① 项永丹，劳志鹏. 武林街巷志上［M］. 杭州：杭州出版社，2008（12）：69.

1941 上海被日本侵略者占领后，工厂被迫停工，都锦生遭到沉重打击。1943 年 5 月，都锦生在忧病交加中逝世，年仅 46 岁。抗战胜利后，工厂从上海迁回杭州，恢复生产。”①

都锦生丝织厂在新中国成立后起死回生，现在，都锦生丝织厂已发展成为中国最大的丝织工艺品生产企业。如今在西湖茅家埠湖畔的都锦生故居被改建为都锦生纪念馆，这里见证了一代“织锦之王”和中国丝绸发展史的近代历程。

都锦生织锦从五十年代开始就被定为国家礼品之一，毛泽东主席等党和国家领导人曾多次以都锦生织锦作为礼品赠送外国首脑和贵宾。周总理在 1957 年视察都锦生丝织厂时指出“都锦生织锦是中国工艺品中一朵奇葩，是国宝，要保留下去，要后继有人。”

经过八十余年的发展和创新，都锦生织锦目前已形成了以像景织锦、装饰织锦、服用织锦为代表的三大系列，一千六百四十余个花色品种，已成为我国最具代表性的名锦之一。

都锦生织锦坚持用传统工艺设计生产，大多为纯手工制作，一般产品都要经过 58 道手工工序才能完成。由于做工精致、色彩瑰丽、质地细腻、手感丰满、极富民族特色，被誉为神奇的“东方艺术之花”。都锦生于 1990 年和 2010 年先后两次被国家内贸部和国家商务部认定为“中华老字号”。由都锦生申报的《杭州织锦技艺》更是列入了国家级非物质文化遗产代表作名录。

① 王曜忠. 钱塘江民间工艺美术［M］. 杭州：杭州出版社，2013（12）：5.

任士刚创鹅牌汗衫

任士刚（公元 1896—公元 1946 年）（图 1），中国实业家，近代纺织业先驱之一。出生于宁波市江北区慈城镇下横街（今慈域镇）任氏老屋。任氏作为慈城的名门望族，家产颇丰，在城内有泰丰木行、泰丰钱庄等产业。幼年时期的任士刚接受了良好的教育，曾就读于中城小学堂、效实中学，1924 年毕业于香港大学土木工程专业（获硕士学位），后由校方介绍到上海英商怡和洋行任建筑部监工。他是 20 世纪 20 年代后中国著名的汗衫大王，也是红极一时的鹅牌汗衫商标创立人和大师级广告宣传家。

图 1　汗衫大王任士刚

古代中国的内衣，从汉代亵衣开始便有着源远流长的历史记载和出土，面料涉及罗纱锦绫绢，形制多样，工艺精美。即使平常人家，也有用棉布做的各式内衣。19 世纪末 20 世纪初，弹性针织织物在服装中被广泛应用，内衣变得越来越舒适、易穿。但中国的针织品市场还是法日洋货一统天下，袜子、内衣、汗衫等各种外资生产的纺织品充斥中国市场，针织内衣仍是一种奢侈品。

任士刚看到上海针织品市场长期被法国、日本等外国列强的产品所盘踞，毅然从怡和洋行辞职，筹资创办针织厂，创立国货商标，与洋货竞争。任士刚联合友人创建了五和针织厂，厂址就在当时上海的爱文义路（今北京西路）永吉里，主要生产服饰花边。有边带机 3 部，职工 20 余人。之所以取名五和，主要是创业的五人之中有三人为宁波同乡，其中罗庆藩还是其效实中学同窗，于是，寄“五人同心创业、和气生财”之意，取名五和，确定鹅牌商标（图 2）。

图 2　上海五和织造厂使用的鹅牌包装盒商标（上海档案信息网）

任士刚注重对商标保护，为保护商标不被仿冒。确定五和厂名和鹅牌商标之后，“任士刚在 1928 年向当时国民政府商标主管部门呈请‘鹅’牌商标注册。同时也分别注册了一系列与‘鹅’图样相关的商标，来预防和保护‘鹅’牌商标的专用权。同时，他们还申请注册了与‘五和’厂名读音相似的几个商标名称，如‘五禾’‘五荷’和‘五鹅’等。20 世纪 20 年代末，‘鹅’针织内衣商标已成为同行业中的名牌。”[①]其对商标保护意识的强烈，在当时的中国商人眼中是不多见的。而之后，五和公司策划的一系列广告宣传，在国内开启了不少先河。比如在上海，他们用当时较为少见的水门汀（水泥）在南京路和成都路口的草坪池塘内浇筑了五只天鹅，形态各异，栩栩如生，成为当时南京路上的一大景观。又比如在绍兴兰亭，他们以王羲之书写的鹅池名碑、墨华亭等景点为载体，在兰亭悬挂了“兰亭鹅池为东南第一胜景，鹅牌汗衫为东南第一佳品”的大型书法条幅，各地来此的游客们在欣赏书法碑文的同时，还能看到五和公司长期认养的白鹅，打造出独属鹅牌的活体广告。再比如在杭州西湖，他们制作并投入了大量白鹅游船，用这种流动的广告加深游客对鹅牌商标的印象。此外，任士刚还擅长平面广告策划，经常在各地的报刊上采用与众不同的宣传手法，来扩大鹅牌的社会影响力。

在 20 年代末，鹅牌商标成为国货名牌。鹅牌产品曾在上海、青岛、南京、镇江以及东南亚的新加坡、泰国等地展览，并多次荣获西湖博览会等的全国性展览，获得博览会优等奖。鹅牌汗衫更是首先打破高档汗衫长期由外国进口产品的独霸中国市场的局面。当时，鹅牌汗衫已完全盖过日货，并超过法国产的高档汗衫。30 年代初，五和针织厂生产的鹅牌 60 支双股麻纱汗衫，率先改变中国国货

① 上海市美术家协会．上海现代美术史大系：1949—2009艺术设计卷［M］．上海：上海人民美术出版社，2015（4）：77.

汗衫无高档产品的面貌。五和针织厂也是中国最大的华资针织厂。

曾有鹅牌消费者撰写五言诗：

白鹅映碧荷，妙理谐音罗。
韵事追千古，商标说五和。
品高差比拟，色洁胜如何？
料想风行日，口碑载道多。

“1937 年增资 40 万元，同年，在康定路成立五和二厂。五和厂的鹅牌汗衫很畅销，因此引来日商的仇恨。八一三事变中，日商康泰织造厂雇佣日本浪人，火烧五和厂，使其元气大伤。1941~1945 年，五和厂停工。抗战胜利后，一厂、二厂恢复生产。”[①]任士刚带病重建厂房，因劳累过度，于 1946 年逝世于上海寓所。同年，任士刚魂归故里，安葬于浙江省宁波市慈城北门大庙山麓。

20 世纪 50 年代，五和针织厂实行公私合营，同时合并 40 多家小型纺织厂，继续保持行业翘楚地位，鹅牌商标沿用至今。

“汗衫大王”任士刚堪称中国近现代服装文化中的一位重要前辈人物，其精神可颂，值得我们铭记。

① 中国近代纺织史编辑委员会. 中国近代纺织史下卷（1840—1949）［M］. 北京：中国纺织出版社，1997（10）：340.

沈莱舟缔造恒源祥

图 1　青年的沈莱舟

沈莱舟（公元1894—公元1987年）（图1），字宏让，号弱余轩主，江苏吴县洞庭东山人。16岁来上海久康洋杂货号当学徒、职员。

1927年他与人合作在上海福州路开设恒源祥人造丝毛绒线号，主要以批发为主，门售为辅，经营洋杂百货。其中主要有绒线以及与绒线相关联的人造丝。恒源祥取自清代著名书法家赵之谦的对联——“恒罗百货、源发千祥”，暗含了恒古长青（恒）、源远流长（源）和吉祥如意（祥）的意境。

1935年，恒源祥迁至兴圣街（今上海黄浦金陵东路）。店内装饰一新，换上了“恒源祥公记号绒线店”的招牌，以批发兼零售为主，成为当时绒线业的大户（图2）。兴圣街位于老城的中心商业区，市井繁华、人口稠密，是生意人向往的黄金市口，也被誉为“绒线一条街”。于是，心存大志的沈莱舟开始大展拳脚，主动运作了一系列令人眼花缭乱的广告攻势和商业炒作，以一己之力几乎垄断了上海绒线的生产和销售，成功打造了中国本土商业品牌——恒源祥。

在店面设计上，沈莱舟一改传统绒线店木头柜台、木头壁橱的老旧样式，安上了玻璃柜台、玻璃橱窗，还装上了当时新鲜时髦的霓虹灯，同时引进塑料模特在橱窗里展览，陈列新花样绒线。恒源祥成为兴圣街一家最吸引人的商店。

在销售招数上，沈莱舟从推广绒线编结法入手加强广告宣传。顾客凡在恒源祥买绒线一磅，赠送印有店名的精制编结针及编织书《冯秋萍毛衣编织花样与技巧》，重金礼聘编织高手冯秋萍、黄培英坐堂传技，当场义务传授编结技术，邀

图 2　恒源祥公记号绒线店

请免费学习。

恒源祥公记绒线店也重视广告宣传。1938 年 11 月，“恒源祥和冯秋萍、黄培英绒线编织大师”消息上了《申报》一整版。周璇、白杨、上官云珠等电影明星纷纷身穿恒源祥的新款毛衣亮相。1945 年，沈莱舟买下了上海两个电台的黄金时段，请冯秋萍在电台里讲授绒线编辑技法，并出版了《秋萍毛线刺绣编织法》一书。1947 年 7 月，上海各大报纸刊登了“绒线编织有奖竞赛”的大幅广告。同年 9 月，又以梅兰芳、刘海粟等参与担任评委的“绒线编织有奖竞赛”获奖名单为由头，在此推出整版的冯秋萍绒线新装促销广告和秋萍编织学校招生广告。

其后，沈莱舟又推出有奖销售，“凡购买恒源祥绒线，有机会坐飞机看上海、坐火车游苏州、坐海轮去宁波”。再次掀起购买绒线的高潮，恒源祥无论总店分店，都门庭若市，购线者大排长龙，甚至造成交通堵塞。

在销量不断扩大的同时，为了稳定货源，沈莱舟联系另外几家绒线店合股创办了绒线厂。1936 年，中国第一家专门生产绒线的毛纺厂——裕民毛绒线厂诞生了，这也是沈莱舟独创的“店厂合一”的新模式。此后，为扩大规模，筹建恒丰毛纺厂，1949年10月1日，沈莱舟发行了新中国第一张股票。1950年1月1日，恒丰毛纺厂竣工，沈莱舟将生产出来的第一磅绒线送给了上海市市长陈毅。

根据上海地方志记载1956年公私合营后，恒源祥所属工厂划归上海纺织工业局毛麻公司，留下的恒源祥绒线商店从金陵东路迁至南京东路711号（近广西路口）100多平方米的小商店内，经销由国家计划安排的毛线商品。1966年，恒源祥改名为大海绒线店。1978年，恢复恒源祥原名，并被列为专业特色户，专业经销上海名牌绒线品种近百种。

"作为'绒线大王'，'恒源祥'目前还保持着六项吉尼斯世界纪录：即绒线编结最长的直针、最大的绒线球、最粗的绒线、最昂贵的绒线、最细的羊毛（面料）和最大的手编毛衫。"[①]

沈莱舟白手起家创建了恒源祥的商业王国，为中国民族工业的发展做出了显著的贡献，为推广绒线编织文化奠定了基础。

① 贾彦. 上海老品牌［M］. 上海：上海辞书出版社，2016（7）：114.

孙中山倡导中山装

从 19 世纪后期孙中山组织兴中会开始酝酿，到 1911 年辛亥革命爆发以及 1912 年民国成立,服饰变革从思想到实践,一直是革命的一部分。孙中山先生（公元 1866—公元 1925 年），不但是革命先行者，也是近代服饰改革的倡导者和力行者。他把变革服饰同推翻清王朝专制统治紧密联系在一起，率先着西服，此后又亲自倡导创造了中山装。

第一,他早期革命期间提出“尽易旧装”的服制变革原则。早在 1894 年,在建立中国近代史上第一个革命小团体——兴中会之际,孙中山就在《兴中会宣言》里明确指出:“中国软弱非一日矣！……近之辱国丧师、剪藩压境,堂堂华夏不齿于邻邦,文物冠裳,被轻于异族。”这里的“冠裳”,就是指的中国服饰文化。在他看来,冠裳的落后,就是中华民族及其文化的落后。冠裳的被轻视,实质上就是中华民族与中国的被轻视。要改变这种状况,就必须革命,从而将冠裳改革与政治变革紧密联系在一起。

辛亥革命前夕，革命党人也提出“合古今中外而变通之，其唯改易西装，以蕲进与大同矣。既有西装之形式,斯不能不有所感触,进而讲求西装之精神”(《论发辫原由》)。[①]

1895 年,孙中山在第一次武装起义——广州起义失败后,经香港抵日本神户、横滨，策划成立兴中会分会。年底，孙中山在横滨剪辫子，改服装，抛弃了清朝制度推行的封建服装，穿上了西装和日本的新式服装，表示与封建主义决裂，进行革命活动。孙中山的服饰改革思想是与反清革命紧密联系在一起的,易服行动,

① 苏生文，赵爽. 素裙革履学欧风——中国近代服饰的变迁(四)［J］. 文史知识，2008（7）.

“是他青年时代立志革命、表示与清王朝决裂的一个标志。”[①]

孙中山第一次至横滨，就有服装行业的华侨参加接待工作，包括宁波红帮裁缝,并成为孙中山革命事业的重要支持者(图1)。1905年孙中山又抵横滨和东京，成立同盟会。孙中山在日本近10年，横滨是其革命活动的重要据点。这一时期，恰逢红帮前辈人在横滨等地学做西式服装之时，也是他们与革命先行者孙中山等开始接触之时。此阶段，正值红帮裁缝张尚义之子孙创业之时，孙中山与之有了接触。孙中山曾偕同黄兴等去张氏的“同义昌”洋服店，谈了创制中国新服装的意图，正是他们试制了初期的中山装。[②]

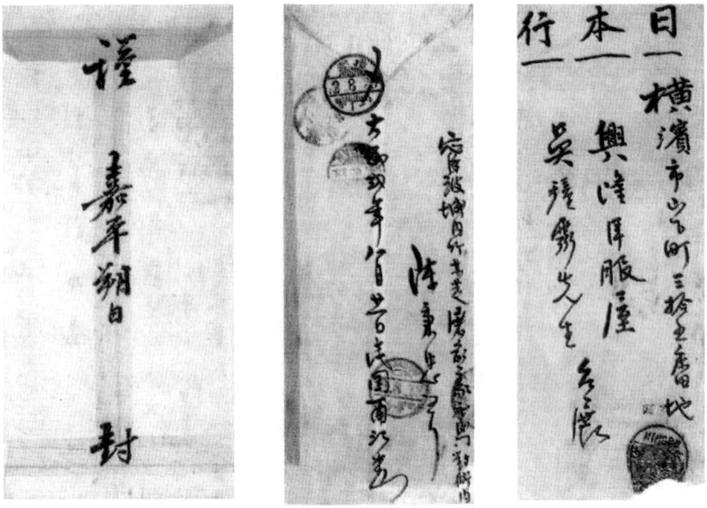

图1　民国初年由宁波寄往日本横滨一家红帮裁缝店的书信(《宁波旧影》)

第二,辛亥革命的划时代性,明确地在服饰上反映出来。辛亥革命推翻清王朝，第一件事就是剪辫易服和废除跪拜礼等旧式礼节。1912年元旦，孙中山宣誓就任中华民国临时大总统后,在《命内务部晓示人民一律剪辫令》中说:“满虏窃国，易吾冠裳，强行编发之制，悉从腥膻之俗……今者满廷已覆，民国成功，凡我同

① 王耿雄.伟人相册的盲点——孙中山留影辨证[M].上海：上海书店出版社2001：16.

② 季学源，陈万丰.红帮服装史[M].宁波：宁波出版社，2003：57.

胞，允宜涤旧染之行，作新国之民，以除虏俗而壮观瞻。”①

民国政府成立后，《中华民国临时约法》中明确规定：“中华民国人民一律平等，无种族、阶级、宗教之区别。”，以此维系封建等级制度的衣冠之制。由于它不平等性也遭到否定，民国初年颁布的《服制》规定官员不分级别。此种服制打破等级界限，不分阶级、尊卑贵贱，对社会权利的平等起了重要的作用。

第三，中山装成为革命的象征，中山装的诞生，是与辛亥革命紧密联系在一起的。其设计、制作和推广也是辛亥革命的一件大事。在剪辫易服的氛围下，中山装成为革命者的一个独特象征，穿着中山装成为决裂清朝封建主义、拥护革命的一种标志。它象征着封建专制制度的彻底崩溃。中山装在近代中国历史上发挥了积极的引导性与警示性的历史作用。

中山装包含了孙中山的政治理想。他认为，传统的长袍马褂虽然穿着舒服，但这是旧时代的象征，在国际上也不流行。流行的西装代表了男子服饰的主流，但穿起来太繁琐，所以应该设计一款介于马褂与西装之间的、穿起来既庄重又不复杂的、适合于中国男性穿的制服（图2）。正如孙中山之前所说的：“此等衣式，其要点在适于卫生，便于动作，宜于经济，壮于观瞻。”②

图2 《宁波旧影》（局部）中着中山装的孙中山先生（1916年8月22日，宁波江北岸鸿义照相馆）

中山装既保留了西装贴身干练的风格，又融入了中装对称凝重的格调。它根除了清代服制的封建等级区别，没有等级的限制，体现了民主共和等思想。

中山装由于孙中山的提倡，也由于它的简便、实用，自辛亥革命起便和西服一起开始流

① 中国社会科学院近代史研究所中华民国史研究室，广东省社会科学院历史研究室等．孙中山全集第2卷［M］．北京：中华书局，1982，（7）：177.

② 中国社会科学院近代史研究所中华民国史研究室，广东省社会科学院历史研究室等．孙中山全集第2卷［M］．北京：中华书局，1982，（7）：62.

行。1929年民国政府通令将中山装定为礼服，并根据中山装的造型特征：立翻领，对襟，前襟五粒扣，四个贴袋，袖口三粒扣，后片不破缝。同时根据《易经》周代礼仪等内容予以以下意义：

其一，前身四个口袋表示国之四维（礼、义、廉、耻）。

其二，门襟五粒纽扣区别于西方的三权分立的五权分立（行政、立法、司法、考试、监察）。

其三，袖口三粒纽扣表示三民主义（民族、民权、民生）。

其四，后背不破缝，表示国家和平统一之大义。

自诞生以来，中山装已成为中国男子通行的经典正式服装。

红帮裁缝制洋装

红帮裁缝因早期给被称为“红毛”的来华欧洲人制作西服而得名。宁波红帮大致孕育于西服在西欧定型并开始向东方传播的那个历史时期，即清同治、光绪年间。

清末，由于多种社会变革力量渐次出现、“西风东渐”猛烈冲击，服饰趋势逐渐向多元化发展，传统服装日益受到挑战。中式服装采用平面裁剪法，服式宽博，对人体造型的塑造要求极低；而西式服装则与之截然相反，西式服装采用立体裁剪法，对人体造型有极高的要求。这样一来，原本制作中装的本帮裁缝为了生存必然要学习新的服装制作技术。西服的兴起推动了服装制作技术的革命，他们顺势而为，一改中国几千年服装制作落后的工艺，率先采用西方的立体设计、按人体部位裁剪的技术，缝制出的服装合体适用。于是，以制作西服为主的红帮裁缝应运而生。红帮裁缝于 19 世纪中叶，陆续从宁波农村到上海、横滨等中外大城市创业。自 20 世纪 20 年代开始，红帮裁缝以上海为基地，迅速形成一个生机勃发的创业群体。

西服，广义指西式服装，是相对于中式服装而言的欧系服装，起源于 17 世纪的欧洲，它拥有深厚的文化内涵，要义是科学民主。引进西服是变革大事，采用西服是服饰改革的重要举措。红帮裁缝率先学习、引进西服制作技术，并改革西服，融入本土化特征，全面推进了服装改革进程。红帮人针对中国人的形体特征，对西服工艺进行了改良，如针对中国人肩稍薄的特点，肩部翘势处理相对较小等。

红帮名王荣泰洋服店，用中国自己生产的面料为中国革命的先驱者之一徐锡麟制作了一套西服，被后来人誉为红帮的“第一套西服”。

红帮前辈王睿谟于1891从日本学艺回国，带其子王才运到上海做包袱裁缝，1900年创办王荣泰洋服店（荣昌祥的前身）（图1）。

图1　20世纪40年代荣昌祥西式大衣（宁波服装博物馆藏品）

徐锡麟（公元1873—公元1907年），字伯荪，浙江绍兴人。1904年加入光复会，以后成为该会的重要领导人。徐锡麟作为资产阶级革命家，曾于1903年以参观大阪博览会名义赴日本，于东京结识陶成章、龚宝铨等人，后积极参加营救因反清入狱的章炳麟等活动。一日，在大阪他因修补西服，遇到在日本学习西服工艺的宁波裁缝王睿谟，在异国碰到同省人自然分外亲切，一来二往就比较熟悉了。次年，徐锡麟知王睿谟回国后在上海开设了一家王荣泰西服店。徐锡麟是位爱国主义者，他不买英国产的马克呢，而是挑中国人自己织的哔叽布请王睿谟做西服。王睿谟花了三天三夜时间，为他赶制了一套全部用手工一针一线缝制的西装。中国第一套国产西装，就这样诞生了。①

红帮裁缝凭借先进的西服缝制技术为西服的引进和西服的中国化立下了汗马功劳。

① 吕国荣．宁波服装史话［M］．宁波：宁波出版社，1997：38.

红帮在百年传承中,成为中国近现代服装业开拓进取的重要力量,积淀了“敢为人先、精于技艺、诚信重诺、勤奋敬业”的思想底蕴,成为整个中国服装业的文化灵魂。

王才运推广中山装

图 1　王才运像

王才运（公元 1879—公元 1931 年）（图 1），浙江奉化人。13 岁随父亲王睿谟离乡赴上海，先在一家杂货店当学徒，后跟随父亲改学裁缝。

1910 年，王才运与同乡王汝功、张理标三人合伙，在上海的南京东路与西藏路口（现上海第一百货商店）开设了一家荣昌祥呢绒西服号（简称荣昌祥）（图 2）。1916 年，3 人拆股，王汝功、张理标退出荣昌祥，荣昌祥由王才运独资经营，资金达 10 万银元。

荣昌祥呢绒西服号地段佳，位于南京东路与西藏路交汇处，是上海最繁华的闹市区域。规模大，三层 10 开间门面，装潢气派，是当时上海最完备、最著名的西服专业商店之一。以王才运为代表的红帮裁缝对中山装的定型与推广起到了决定性作用。

上海市图书馆内有 1927 年 3 月 26 日、3 月 30 日《民国日报》。这份报纸头版刊登了两则广告，其中一则是荣昌祥号的广告（图 3）：

“民众必备中山装衣服。式样准确，取价特廉。孙中山先生生前在小号定制服装，颇蒙赞许。敝号即以此式样为标准。兹国民革命军抵沪，敝号为提倡服装起见，定价特别低廉。如荷惠定，谨当竭诚欢迎。”

从 3 月 26 日起，荣昌祥的这则广告连登三天。

图 2　荣昌祥呢绒西服号

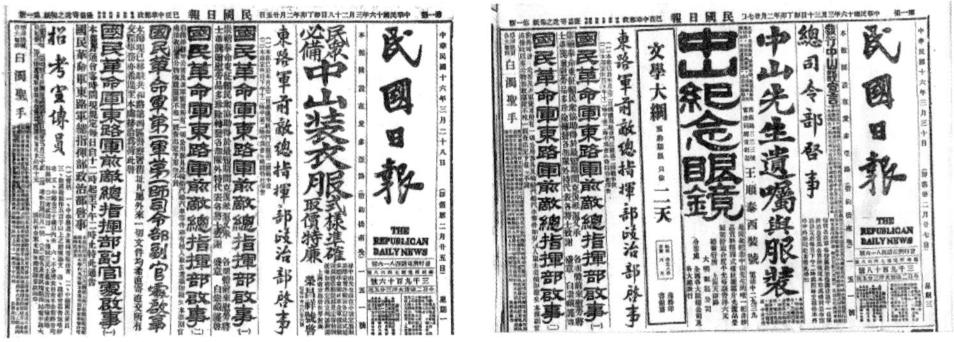

民國日報

THE REPUBLICAN DAILY NEWS

民衆必備中山裝衣服
式樣準確
取價特廉

東路軍前敵總指揮部政治部啓事

國民革命軍東路軍前敵總指揮部啓事(一)

國民革命軍東路軍前敵總指揮部啓事(二)

國民革命軍第一軍第二師司令部副官處啓事

國民革命軍東路軍前敵總指揮部副官處啓事(一)

國民革命軍東路軍總指揮部政治部啓事

招考宣傳員

白濁聖手

民國日報

THE REPUBLICAN DAILY NEWS

總司令部啓事

中山先生遺囑與服裝

王順泰西裝號

中山紀念眼鏡

文學大綱

一二天

東路軍前敵總指揮部政治部啓事

國民革命軍東路軍前敵總指揮部啓事(一)

國民革命軍東路軍前敵總指揮部啓事(二)

白濁聖手

图 3　荣昌祥广告 2 则

另一则是过了 4 天的 3 月 30 日，由王顺泰西装号刊载的广告：

“中山先生遗嘱与服装。革命尚未成功，同志仍须努力，乃总理遗嘱也。至于中山先生之服装，则其式样如何，实亦吾同志所应注意者。前者小号辛蒙中山先生之命，委制服装，深荷嘉奖。敝号爰即取为标准，以供民众准备。式样准确，定价低廉。尚蒙惠临定制，谨当竭诚欢迎。”

广告中传递的信息表明，这两家服装店都为孙中山生前制作过服装，并得到了中山先生的“嘉奖”和“赞许”，而且“式样准确”，难能可贵的是他们“为提倡服装起见”，则“定价低廉”。不难看出，中山装是在上海的宁波红帮西装店定型并由红帮裁缝积极推广。从另一方面看，孙中山先生在 20 世纪 20 年代经常居住上海，去沪上老字号订制服装完全可能。荣昌祥呢绒西服号由宁波奉化人王才运于 1910 年开设在上海南京路西口。

当然，据笔者分析，以上两则广告指向实为同一个事件，即荣昌祥制作中山装一事，因为王顺泰呢绒西服号是由王辅庆于 1926 年从荣昌祥分立出来的。

红帮老人以及后人口述与历史资料相印。根据荣昌祥后人王汝珍听父亲王宏卿讲述，中山装就是由上海红帮名店荣昌祥改进完成的。20 世纪初孙中山先生拿一件日本士官服来到荣昌祥，要求将这件衣服改为具有中国传统服装特色的款式。此项业务的接待、款式的设计直到最后的缝制工作，都是由老板王才运和业务经理王宏卿参与完成的。他们将日本士官服原来的立领该为翻领，长方形袋盖改为笔架形，并加上四个立体贴袋，袖口扣子由 5 粒改为 3 粒。孙中山先生看到修改完成后的服装非常满意，而后逐渐风靡全国。

图 4　巨型中山装（2011 年摄于浙江纺织服装职业技术学院）

中山装由于孙中山的提倡，加上其简便、美观、实用，辛亥革命后随即在全国流行。后来的革命军军装乃至后来的八路军、新四军、中国人民解放军的军装大抵是中山装或从中山装变化而来。

2011 年，为纪念辛亥革命 100 周年，展示红帮的独特功绩，红帮第六代传人江继明老先生联合浙江纺织服装职业技术学院红帮文化研究所，特制巨型中山装（图 4）。该巨型中山装尺寸，由孙中山先生所穿衣服尺寸放大 6 倍获得。具体为：衣长 4.32 米，胸围 6.48 米，肩宽 2.70 米，袖长 3.54 米，领围大 2.52 米，纽扣直径 12 厘米。整件服装用料 60 米，体积约 12 立方米，重量 40 公斤。

顾天云研西服理论

顾天云（公元 1883—公元 1963 年）（图 1），生于鄞县下应镇，原名宏法，后改名天云。读过小学，15 岁到上海拜师学艺，年轻时留学日本、欧洲等地学习西服制作。

图 1　顾天云像

顾天云在上海满师后，去东京从事服装业。但是，顾天云并没有把自己的发展标杆定在模仿欧洲的日式洋服上。有了一些积蓄之后，他毅然决定去西服的发祥地学习西服的设计、制作和营销的思想等。他考察了欧洲 10 多个以西服设计、制作著称的国家，拜访多位名师，搜集各类资料，潜心研习。

1923 年，顾天云返回祖国，开始以全新的理念和方法经营宏泰西服号，但他把更多的精力放在现代服装科技与文化研究方面，编著《西服裁剪指南》一书，1933 年出版（图 2）。这是中国服装史上一部开创性专著，它为趋向成熟的红帮群体提供了一部内容全面、系统、详细的教科书。上世纪三四十年代上海服装界的夜校、培训班、职业技校以及群众团体进行服装教育时，都以书为教材。

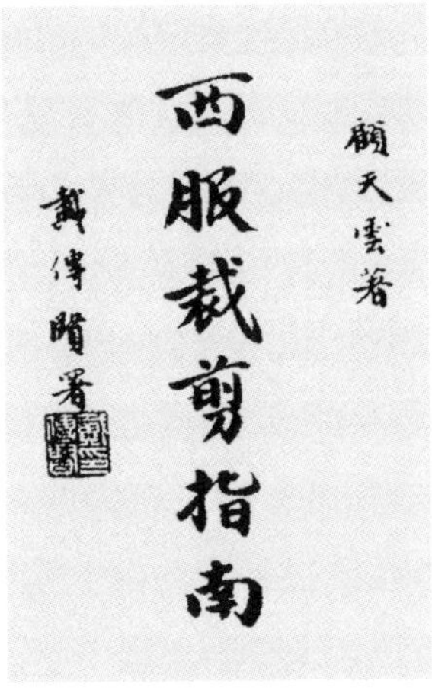

图 2 《西服裁剪指南》书

书前有一篇长序，为中国服装界提供了职业教育难得的资料，影响深远。此序分为三个部分，第一部分阐述编著宗旨，顾天云写道：“峨冠博带，巨袖长袍，已不适于现代之潮流，日处于淘汰之列。”他又指出，传统经营服装的人们“墨守旧法，不肯传技于人，又少匠心独具、精益求精之人，将使我业蒙有退无进之危险。”面对这种情形，“予甚忧之！不揣简陋，爰本人平生经验，著成《西服裁剪指南》。”

第二部分指出了中国服装业界的成功之路：“现代世界，亦经济战争之世界也。”顾天云认为，要使中国不受列强“侵凌”，避免“亡国之祸”，必须全民奋起，各执己业，“兢兢焉与外人相抗衡”。为此，他提出两条：“一、尊重本业”，“成功之道，必自尊重本业始”。“二、勤、诚、俭、仆”，“自古成功之人，未有不备此美德也”。他列举了叶澄衷由船工变成工商巨子等中外四个范例，勉励服装业界的青年走向成功。

第三部分为经验之谈。顾天云说：“成功、发达，莫不由‘专心’二字而得。”他还谈了恒心、毅力，都列举了范例。

在著书立说的同时，顾天云还协助上海市西服商业同业公会理事长王宏卿等，创办了中国第一家西服工艺职业学校。

许达昌创建培罗蒙

坐落在上海南京路上的培罗蒙是上海赫赫有名的民族西服品牌，也是历经近百年的中华老字号企业。培罗蒙的历史，就是一部中国民族企业成长史，蕴涵着丰富的创业精神和经营之道，谱写了中国民族企业突围、自立的光辉篇章。培罗蒙的创始人是红帮裁缝许达昌。1928 年，许达昌在四川路上开设许达昌西服店，1932 年搬到南京西路的新世界楼上，1935 年又迁到南京西路的新华电影院对面，改店名为培罗蒙，1936 年迁到现址至今。美国《致富》杂志一九八一年九月号刊载专文称誉许达昌为全球八大著名杰出裁剪大师之一，全亚洲只有他一个人获此殊荣。

许达昌（公元 1894—公元 1991 年）（图 1，左下），浙江舟山定海人。家中兄弟 10 人，达昌排行第六。20 世纪初，年轻的许达昌来到上海王荣昌西服店当学徒。他刻苦钻研，在学徒期间全面掌握了量、算、裁、缝等技艺。出师以后，许达昌开设了许达昌西服店，由于 30 年代正是红帮裁缝遍地开花之时，许达昌西服店创建之后，只是增加了一家而已，难以创出特色。1935 年经过两度搬迁之后，许达昌将店搬到了热闹的南京路上，并改名为培罗蒙（图 2）。据说这个名字含义深刻，“培”是指培育高超的服装缝制技艺，“罗”是指服装，“蒙”是指为顾客服务。更重要的可能是这个名字乍看之下多少有些洋气，在当时欧风弥漫的上海，洋化的东西总容易受到推崇。许达昌深谙个中三昧，决心彻底改弦易辙，不仅将店名改了，而且在繁华的南京路上将店铺装饰得富丽堂皇，还挂上中英文店招。培罗蒙挂牌之后，南京路上的行人远远地就能看到培罗蒙的中英文名号，尤其是在华灯初上、霓虹闪烁之时，店格外引人注目。改名以后的培罗蒙顾客陡然增加，生意兴隆。

1934 年 6 月 24 日，培罗蒙迎来了历史上另一位重要人物——许达昌的得力助手和培罗蒙的开拓者戴祖贻（图 1，右上）。当时戴祖贻 13 岁，由舅舅领着到培罗蒙拜师学艺，而后，他成了培罗蒙的第一个学徒和最重要功臣。戴祖贻是浙江宁波人，从小家境贫寒，父亲体弱多病，长年上山砍柴，偶尔去镇上做帮工。母亲为维持全家生计，曾一度外出做佣人。尽管家里穷，受够了不识字之苦的父母仍然省吃俭用，供祖贻上学。祖贻 13 岁时家里决定送他去上海学艺，因此投到了许达昌门下。

图 1　许达昌和徒弟戴祖贻

许达昌慧眼识英才，认定戴祖贻是可造之才，悉心栽培。戴祖贻也不负所望，刻苦钻研，裁、剪、缝、烫诸方面大有青出于蓝之势，很快成为许达昌的左膀右臂。1945 年，抗战胜利后，戴祖贻升任襄理之职，为培罗蒙成为世界品牌立下了汗马功劳。

1948 年，许达昌带着几位“红帮”师傅到了中国香港，开设培罗蒙，1950 年初，许达昌又将业务拓展到日本，后由戴祖贻担当。

20 世纪 30~40 年代，上海滩的培罗蒙与亨生、启发、德昌并称为西服界的“四大名旦”。而今斗转星移，培罗蒙不但硕果仍存，而且得到了进一步的发展。1985 年，培罗蒙西服店改名培罗蒙西服公司。1992 年，该公司与兰苓服装公司合并。1995 年，公司开设上海培罗蒙西服连锁经营有限公司、上海培罗蒙西服批发有限公司。2002 年，公司上海零售中心总部迁至上海市南京东路 257 号。2005 年，公司又在天津路 307 号成立了培罗蒙技术中心。

培羅蒙®
BAROMON

图 2　培罗蒙商标

上海的培罗蒙西服店作为老字号名店，已列入国家级非物质文化遗产名录（图 2）。

冯秋萍领海派编结

提起海派编结，人们耳熟能详的就是工艺美术大师冯秋萍和黄培英，还有及鲍国芳、金曼南、朱蕊芳等一批绒线编织人。但冯秋萍是其中的佼佼者，她当时就被赞誉为“巧夺天工”的“编结界不可多得之奇才”，新中国成立后被人民政府授予“特级工艺美术大师”的称号。

有作家语：“自20世纪30年代以来，上海女人最熟知的不是张爱玲，而是冯秋萍的绒线编织法，从花园洋房的太太到弄口烟纸店的小家碧玉，几乎人手一册指导书。”①

冯秋萍（公元1911—公元2001年）（图1），别名童升月，浙江上虞人，是绒线编结艺术家、教育家。

幼年即对美术和女红产生了兴趣。后入上海求德女中，在刺绣、编织和设计花样等课程中尽显天分。她刺绣的花鸟虫鱼，编织的帽子、手套，无不在学校里首屈一指，并在相应的竞赛中屡屡赢得头奖。尤其是她编织的毛衣配上她玲珑的身材和秀丽的面容，分外好看。毕业后她担任小学教员，讲授美术、刺绣和缝纫等课程，1934～1949年间开办《秋萍编结学校》《良友编结社》。在《上海广播电台》授教编结技艺。受聘《中国毛纺厂》《裕民厂》《恒源祥》等厂商为编结顾问。出版编结专著30余本。旧时出版社关于生活类图书有一句话是“张小泉的剪

图1　冯秋萍和她的作品

① 程乃珊．上海Lady—上海女儿：程乃珊［M］．上海：三联书店，2018（9）：143.

刀，冯秋萍的编织”，可见冯秋萍的编结书籍在当时的知名度。半个多世纪以来，冯秋萍创造了2000多种绒线编织花样，设计了难以计数的经典编织工艺品。作为民主同盟盟员和第一届全国妇女代表，她受到过毛主席、周总理的亲切接见。

建国后，任上海工艺美术研究所工艺师。善于根据不同季节、年龄、性别等特点，用新材料、新针法，设计出各种造型新颖、色彩协调、风格不同的绒线编结服装。1983年，她为上海十八毛纺厂以长毛绒、珠子绒等新原料设计的12种服装，获上海绒线服装设计优秀奖。著有《秋萍绒线刺绣编结法》《绒线棒针花式编结法》等（图2）。

图2　冯秋萍的部分编结著作

冯秋萍设计大量造型别致、针法新颖的服装，形成一股独特风格的绒线服饰时尚，促进了初期国产绒线厂商事业的迅猛发达。“冯秋萍 50 年来悉心研究绒线编结，创作了许多优秀作品，代表作有《孔雀开屏》披肩、《野菊花》荷叶边春装、《并蒂莲》旗袍、《杜鹃花》拉链衫、《波浪花》钩针两件套等。她善于根据不同季节、年龄性别等特点，运用新材料、创造新针法，设计出造型新颖、色彩协调、风格不同的绒线编结服装。1983 年她运用长毛绒、珠子绒、双色波形线等新材料，为上海十八毛纺厂设计了 12 种服装，荣获上海绒线服装设计优秀作品奖。”①

冯秋萍编织服装涉及的品种十分广泛，有马甲、旗袍、风雪大衣、围巾、童鞋和童帽等，甚至还有男式西装和沙发靠垫。

① 田自秉，华觉明. 历代工艺名家［M］. 郑州：大象出版社，2008（4）：243.

杨守玉专攻乱针绣

图 1　杨守玉

杨守玉（公元 1896—公元 1981 年）（图 1），出生在常州一个书香之家。乳名祥名，学名杨韫，字瘦玉、瘦冰，后改名守玉，字冰若。工画善绣，现代刺绣工艺家。1928 年首创乱针绣，丰富了苏绣艺术。

乱针绣也名正则绣。经过十来年反复的试验和揣摩，杨守玉将西洋画的用笔、用色原理融入到了刺绣的技法之中。用错乱的针，不同方向，用粗细长短不同的色线，多遍而成，创造了乱针绣法。乱针绣完美结合中国刺绣与西方油画的理论与技术，显示出刺绣的立体效果、作品的空间立体感和变化的色彩（图 2、图 3）。千年的平面绣品一下子立体起来了，乱针绣以一种全新的艺术手法，在针法中融合笔法，以针代笔，以线代色，运用长短交叉的线条，分层加色、渗色等手法，使绣者之手不受眼的约束，直接听从脑的指挥，将心灵之感触融于刺绣中，极大丰富了绣品的深度、广度与质感。从此，中国的传统刺绣辟开了新的艺术天地，竖立起又一座里程碑。她创作的《观音》《难民》《美女与鹅》《拙政园》等作品，自 40 年代起就作为国家礼品赠送海外友人。特别是 1945 年绣制的《罗斯福像》，被当作中国政府的国礼送给美国（现藏纽约美术馆），被誉为“不可多得的艺术品”。

杨守玉一生都奉献给了中国现代刺绣艺术教育事业，培养出了一批卓越的乱针绣接班人。“台湾刺绣艺术家陈嗣雪（陈之佛先生长女）、佟家宾、旅美画绣专家吕无咎（吕凤子先生次女）、丹阳乱针绣专家陈显真，都是她这个时期悉心培养的学生。”①

目前，乱针绣已成为江苏省非物质文化遗产，代表性传承人为江苏省工艺美术大师孙燕云。她 1959 年 12 月出生于江苏常州，是乱针绣第三代传人，创办了孙燕云乱针绣艺术创作中心。

图 2　乱针绣作品 1（2015 年摄于常州乱针绣博物馆）

图 3　乱针绣作品 2（同上）

① 阮怡帆. 近现代工艺美术研究［M］. 南京：东南大学出版社，2018（10）：47.

鲁迅先生长衫一生

长衫是长袍的一种，长衫领袖无镶滚，衣身合体呈宽体直身的廓形。大襟右衽，单侧或双侧开衩，衣身细瘦，窄袖。长至足跟、下摆窄小，在正式场合使用圆领和里衬制成的圆形立领形状。长衫于斜部加以割截、缝辍，以表征福田、百纳之意（图 1）。

图 1　浅灰色花卉纹绸长衫（中国丝绸博物馆藏品）

在近代，长衫一词又被赋予了新的含义，尤其在 19 世纪 40 年代流行一时。特别是在知识群体中，穿长衫、戴眼镜成了这一群体普遍的服饰特征。因此，长

图 2　鲁迅先生

衫一词已经脱离了原本的意义，对文人来说，它是一种身份、尊严和旗帜。民国时期文人雅士多穿长衫，或坐或立间，彰显民国男子谦恭、内敛、含蓄的素养。

鲁迅（公元 1881—公元 1936 年）（图 2），原名周树人，字豫才，浙江绍兴人，伟大的无产阶级文学家、思想家、革命家，中国文化革命的主将，也被人民称为“民族魂”。

鲁迅先生时常穿一件朴素的长衫，而且喜欢穿黑色长衫，后来有人称他为“黑衣人鲁迅”。黑色自古与刚正、坚毅挂钩，鲁迅先生之所以喜欢穿黑色长衫，在很大程度上是与其性格有关。

20 世纪 20 年代，鲁迅曾在北京大学授课。学生们吃惊于先生有补丁的长衫和有补丁的皮鞋，如此的不修边幅，让学生大跌眼镜。不过，鲁迅先生一开始讲课，便口若悬河、滔滔不绝，同学们立即被他所讲的内容所吸引。不知不觉中，第一堂课结束了，等到学生们回过神来，他早已飘然而去。

身着长衫，一脸刚毅正直，这是鲁迅先生特有的气度。黑色长衫下掩映的是鲁迅先生崇高的思想和不屈的民族脊梁。

张爱玲爱奇装异服

图 1　张爱玲像

张爱玲（公元 1920—公元 1995 年）（图 1），原名张煐，笔名梁京，祖籍河北丰润，生于上海，中国现代女作家。7 岁开始写小说，12 岁开始在校刊和杂志上发表作品。1943 至 1944 年，创作和发表了《沉香屑 · 第一炉香》《沉香屑 · 第二炉香》《茉莉香片》《倾城之恋》《红玫瑰与白玫瑰》等小说。1955 年，张爱玲定居美国，曾创作英文小说多部，但仅出版一部。1969 年以后她主要从事古典小说的研究，著有《红楼梦魇》一书。1995 年 9 月在美国洛杉矶去世，享年 75 岁，有《张爱玲全集》行世。

张爱玲，毫不遮掩对服饰的独特眼光与喜好。张爱玲说："衣服是一种言语，随身带着一种袖珍戏剧。贴身的环境——那就是衣服，我们各人住在各人的衣服里。"别出心裁的服装是她的最爱。她曾亲自为自己设计衣服，在香港读书时，就把所得的奖学金，自选衣料设计服装，连弟弟张子静问她是不是香港最新样子，她笑道："我还嫌这样子不够特别呢！"

张爱玲出身中国传统贵族，偏爱旗袍这样的中国古典服饰，她有各式各样的旗袍。对于中国旗袍，张爱玲偏爱鲜明的对照，承重的黑与轻盈的白、清冷与明丽、简约的现代线条与传统花纹。同时她也受西方教育的深远影响，独创了很多旗袍穿法。譬如说，在旗袍外边罩件短袄，在旗袍外穿上清装大袄，引领了一时潮流。

1943 年张爱玲出版小说集《传奇》时，就连续多日身着奇装异服，到印刷厂去校稿，引得众多工人围上来驻足观看，致使印刷厂几度出现罢工现象。不流俗、不炫耀，既有感性的叛逆，又有挑剔的优雅，张爱玲的衣服如其人——个性十足，孤傲而从容。她身上散发着一种摩登与贵族的气息，拥有设计师独一无二的气质。

对服装的热爱，凭着天性中对衣裳的敏感与讲究，1942 年，张爱玲在英文杂志《二十世纪》月刊上发表了散文《中国人的生活和时装》(*Chinese Life and Fashions*)，1943 年重写成中文，名为《更衣记》(图 2)。张爱玲写《更衣记》时才 22 岁，由于特殊的家庭环境的影响，耳闻亲见，谈近现代服装史如数家珍，头头是道。

《更衣记》从女人的视角写出了服饰的变化及其所蕴含的意义。成为现代散文中谈服饰谈得最丰富多彩、最灵动、也最有才情的一篇。

正文是从迂缓停滞的清朝无时装谈起的。衣架子似的标准美人；旨在约束女人的规律化的裙装；随季节而不是随气候，等级分明的穿着；无意义的点缀和过分的装饰；对细节的过分注意和在不相干的事物上浪费精力；将女人看作可以尽情堆砌的大观园——一直到清末，服装的制作者和欣赏者，主流是维护等级制的

图 2　张爱玲为她的英文原作 *Chinese Life and Fashions* 配的时装图

最“有闲”的国家里最“有闲”的阶级。随后的政治动乱和社会不靖，开启了服饰各趋极端的风气，新思想的输入和舶来品的接受，军阀混战，更使女装一过时就一文不值。接着是男女平权说影响下的旗袍的兴起，先是严冷方正，中经中西合璧的奇异搭配，直至废除点缀品，纠正公式化，勾出体态曲线。

图 3　张爱玲手绘穿旗袍的女人插画

对服装的热爱，更成就了她小说写作的一大特色。在她的作品中，张爱玲以一个女性的眼光，细致、准确且不厌其烦地描绘了她笔下的人物的服饰，通过服饰这流动的画面，渲染环境、烘托人物形象，传达人物特定的心理状态。频繁灵活运用服饰意象，在她的作品中有淋漓尽致的发挥（图 3）。

金鸿翔创海派旗袍

“旗人之袍”原本指满洲妇女一种又长又宽的长袍，其服体宽大，无法展示女性的形体特征，穿起来既不美观，也不舒服。辛亥革命成了旗袍革新的转折点，进入了立体造型时代。从此，旗袍经历了一个持续改良的过程。

改良旗袍的要旨在于：西式裁剪、中装式样。在改良旗袍的过程中，具有精湛西式服装技艺和先进服装文化素养的红帮裁缝，特别是从事女式西服的女式红帮裁缝凭借得天独厚的优势，他们在各大城市如上海等，带领许多民间中青年女性不断改进旗袍。由这时开始，无论是从主体上说还是从配件上说，旗袍都进入了一个中西合璧、不断改良的时代。

红帮名店鸿翔西服公司，于1917年由金鸿翔创设，开始了中衣洋化的改革。

金鸿翔（公元1894—公元1969年）（图1），原名金毛囡，川沙（现属上海）人。1907年，13岁的金毛囡先入中式裁缝铺当学徒。后又进一家名声较大的西服店，拜当时上海滩知名红帮裁缝张姓师傅为师，改学西服。1914年，金毛囡学成满师，前往哈尔滨跟东北师傅学习设计制作冬装，又赴海参崴学习俄式服装的制作技术。返回上海后，在悦兴祥西服店任西服制作技师，一边磨炼技艺，一边学习服装营销知识，还自费去夜校学习英文。

图1　金鸿翔像（人民网）

1917年，金鸿翔在友人资助下，以600银元资本，盘下静安寺路王家厍（即今南京西路王家沙）一家三开间门面，准备经营西式服装。店铺按洋人升发时装公司门面进行简单装修后，即于当年秋天正式对外营业，店铺招牌取名鸿翔二字（图2），寓意“鸿运高照，飞翔全球”。1928年，在今南京西路863号扩大门面，改名鸿翔时装公司，1932年在今南京东路750号分设鸿翔公司支店。它是上海开埠以后由中国人创办的第一家女子西式时装商店，金鸿翔为国内女式时装创始人。

图2　鸿翔公司广告牌（上海老照片）

金鸿翔在女装上不断推陈出新，创造了立体裁剪法，成衣贴体不走样，有天衣无缝的美誉，在服装市场开创了全新的鸿翔时代。“借鉴西服工艺改革中国旗袍”。据鸿翔后人金泰钧所述，“鸿翔”对旗袍的改良主要经过3个阶段，20世纪20年代初，主要为轮廓线上的改变，如袖口逐渐缩小，腰身的外轮廓线略向内收；1925年左右，开始出现结构上的变化，如在腋下加胸省，使胸部呈现出立体感；20世纪世纪三四十年代加腰省，并改变袖部结构，由中式连袖改为西式装袖，旗袍变为三维的合身的服装，与身体的服帖度更大。

旗袍是孙中山夫人宋庆龄最喜欢的服装之一，宋庆龄尤其喜欢鸿翔做的旗袍。1932年3月8日，宋庆龄在庆祝三八妇女节发表演说时，称赞金鸿翔是“开革新之先河，符合妇女要求解放之新潮流”。据上海档案信息网记载宋庆龄居住在上海时，金鸿翔派技师上门量体裁衣，她对鸿翔开创中国女装的努力给予亲切勉励。

1935 年宋庆龄亲笔为鸿翔题写匾额：“推陈出新，妙手天成。国货精华，经济干城。”，金鸿翔与宋庆龄保持了 40 多年的友谊。改良旗袍也因宋庆龄的施行，成为引领中国民众服装潮流新时尚（图 3）。

图 3　20 世纪 30 年代的鸿翔时装表演秀

陈之佛振兴云锦

云锦产于南京，纹样色彩灿烂辉煌，如天上彩云而得名。其历史可追溯至东晋，东晋时期在国都建康（江苏南京）设立织锦的官署—锦署，自此云锦正式诞生，至今已有一千六百年的历史。云锦兴盛于公元14世纪后的明清时代，是中国丝织工艺品中具有很高艺术价值的一种，为中国四大名锦之一。2009年9月30日云锦正式列入了人类非物质文化遗产代表作名录。

由于历史的原因，至新中国成立前夕，云锦曾濒临灭绝之境。新中国成立后，随着经济、文化事业的恢复与发展，工艺美术进入国家计划，云锦复兴工程随之启动。

工艺美术大师陈之佛响应时代的召唤，在云锦抢救、保护、研究和复兴事业中，自觉肩负起历史使命，作出了多方面的重要贡献，成为云锦复兴的第一功臣。

图1　陈之佛（1921年在日留影）

陈之佛（公元1896—公元1962年）（图1），常署名雪翁，慈溪县浒山镇人。1918年留学日本，攻读工艺美术专业。1923年学成回国，先后执教于上海、广州、南京等高校。抗日战争胜利后，陈先生执教于南京中央大学。新中国成立后，执教于南京大学（原中央大学）、南京师范学院（今南京师范大学）艺术系，兼任系主任。出版过《图案构成法》《中国工艺美术史教材》《陈之佛画集》《陈之佛画选》等著作10多种。

1953年，为了恢复我国传统工艺美术事业，为经济建设服务，国家在首都举办了第一届“全国工艺美术展览会”。党和国家领导人刘少奇、朱德、周恩来等都亲自去现场参观。江苏送展的作品中有一件“大红地加金龙凤祥去妆花缎”，这是享誉世界的顶级宝典，极富民族特色。它的辉煌壮丽、高贵典雅、色彩绚烂以及工艺之奇绝，立刻引起业内人士以及广大参观者的关注。

作为一位工艺美术专家，陈之佛的感受与一般参观者是有所不同的，除了审美感受、专业启迪之外，他深知，国家首都举办这么一个展览会，是与国计民生相关的。“刺绣中的被面一项，15 条被面就可换回一吨钢材，檀香扇 113 把，抽绣台布 20 套（每套大小 7 件），均可换回一吨钢材。”陈之佛在文章和代表大会发言中，一再列举这些现实材料，呼吁人们重视云锦等工艺美术事业。他的思考是深沉的。

1954 年 6 月，南京文化部门抽调了美术人员，与云锦老师傅张福永、吉干臣，组建“云锦研究工作组”，并邀请陈之佛担任研究工作组的名誉组长，指导云锦研究工作。陈之佛欣然应邀做了名誉组长，热忱参与了研究组的多方面工作。并和老艺人商谈如何传授云锦绝活给青年人，和研究工作组成员讨论制订研究规划，“进行有计划、有步骤的整理和研究，并着手培养青年一代云锦艺术人才”。他们通过主动走访中央省市、等有关部门，争取给云锦研究立项、提供相应的研究经费；他们通过给大众传媒中发表署名文章，介绍、阐述云锦的有关知识以及云锦复兴的可能性、重要性……他们先后在《新华日报》《解放日报》上发表《人工织造的天上彩云——介绍著名的手工艺品“云锦”》《彩云争艳——介绍南京著名手工艺品云锦》等文章。

江苏省人民政府于 1957 年 12 月正式批准成立南京云锦研究所。陈之佛始终都在具体细致地指导着研究所的工作，这是他一项终生的事业。正是由于他的悉心指导，云锦研究工作步入了正轨，调查、收集、整理云锦史料、整理注释云锦图稿、研究云锦技艺、整理老艺人留下的“云锦口诀”、抢救云锦器械、记录老艺人的口述史料、培养年轻艺人等，都有规划、有步骤地开展起来。云锦复兴事业正在实现中，并且不断取得骄人的成果，在国内外产生重要影响。

沈从文研究中国服饰

沈从文（公元 1902—公元 1988 年），是我国近代著名的小说家、散文家和历史文物研究家。他的文学作品《边城》《湘西》《从文自传》等，在国内外有重大的影响，并被译成日本、美国、英国、前苏联等四十多个国家的文字出版。自上世纪六十年代初受周恩来总理提议，开创中国服饰文化研究保护之先河，专著《中国古代服饰研究》一书，是中国服饰史研究的起点，填补了中国物质文化史上的一项空白。

1936 年，周恩来总理在外交出访中，发现了以丝织闻名的中国完全失去了自己的纺织、服饰语言，在国际交往中形成巨大反差。因而，嘱托沈从文先生完成《中国古代服饰研究》礼品书一事，为中国纺织文化的世界文化地位明晰定位。

怎样才能把一个泱泱大国古代服饰的故事讲好？沈先生选择了从图像切入。沈从文先生从他所掌握的与历代服饰有关的文物、实物出发，定下了两百幅图，自己依据每一图稿引用文献综合分析。为此，历史博物馆给他配了有三位助手的绘图班子，他们的主要任务就是将当时选取的无法直接用照片表达清楚的文物，在研究的基础上勾画出来，便于辅助文字的讲解。

这本书从殷商开始写起一直到清朝前后三千余年的时间，主要是对服饰问题进行了深刻的探索。“精选了从殷周至明清 3000 多年间出土和传世的文物图像 700 幅 (其中 100 幅为彩色图版) 另有文章 174 篇，对我国历史上不同时代、不同阶层服饰制度的发展、沿革，以及和当时社会物质生活、意识形态的种种关联，作了深入的探讨。”①

从 1964 年到 1981 年，沈从文先生潜心二十余年研究，1981 年 9 月，《中国

① 祝鸿熹，洪湛侯. 文史工具书词典［M］. 杭州：浙江古籍出版社，1990（12）：606.

古代服饰研究》中文版和日文版由商务印书馆香港分馆出版（图 1），这是第一部中国服饰通史，系统考证中国服饰文化，是中国古代服饰研究的开山之作，中国古代服饰学科奠基之作。它曾作为国礼赠送外国元首。

关于中国服饰文化，沈先生另有《中国丝绸图案》《龙凤艺术》《唐宋铜镜》《明锦》等论著。

图 1 《中国古代服饰研究》（1981 年香港商务印书馆出版）

后　记

一场突如其来的疫情，一个不同寻常的假期。取消外出计划，深居不添乱。整个状态，与“老”为伍——拖着一双老棉鞋，穿着一件老棉袄，相伴老妈、老公，待在老家的老房间，干着老本行——服饰文化研究。

每天，上午第一件事，关注疫情。然后梳理材料，整理稿件。午睡后，还是看疫情通报，再坐电脑前，整理零碎材料。晚上，看电视，好看的电视剧《新世界》省着看，先用其他的片子调剂一下，攒着看才过瘾。

老公占据游戏账号上网打桥牌，老妈管理我们的一日三餐。

这两天，政府还是号召要大家“摒牢”，再坚持几天，居家不外出，并且只允许每家每天一人外出买菜。我们倒是有一块菜地，老妈闲来无事打理的，各色蔬菜长得很好，每天派一人收割就是。

整个防控局势已从惶恐无序逐渐转变为冷静有力，我们唯有等待。在等待中，继续搜集材料，整理书稿，这一段禁足，也为稿件整理提供了充裕的时间，于是这本《名人与服饰文化》也成了自己在“抗击新冠肺炎”疫情中的纪念。

相信疫情会过去，相信《名人与服饰文化》出版之时，中华大地又是一片晴朗，相信人民将永远记得抗击疫情的英雄们，你们是真正的“名人”，你们的英名将永远镌刻在人们心中！

在资料的搜集中，浙江图书馆的数字资源：中国历代人物图像数据库，给本书寻访名人图像提供了极大的方便；宁波数字图书案为学术资料搜寻提供了非常便捷的途径；各大博物馆的数字藏品，包括北京故宫博物院、中国丝绸博物馆等，宁波服装博物馆等，为书中的插图提供了很多资源，在此一并感谢。同时感谢浙江纺织服装职业技术学院的支持，感谢东华大学出版社编辑的辛勤付出。

感谢老妈、老公，我们互相陪伴，走过这些不平凡的日子。

也许这篇后记文不对题，但这本《名人与服饰文化》就是在这样一个特殊的时期完成的，有着这段特殊日子的气息，是这段日子一个深深的印记！所以敬请原谅我的啰唆，更期待大家对这本小书提出批评与指正！

于宁波慈城杨陈村

2020 年 2 月 4 日立春日